玩味
COOK FUN
玩赏美味生活

U0209367

美味的巧克力蛋糕

CHOCOLATE CAKES, COOKIES AND GANACHE!!

[日] 下迫绫美 著　曾广明 译

电子音像出版社

目录

使用本书前须知

- 材料全部用 g 表示。根据材料不同选择不同的量勺时，1 小勺为 5mL，1 大勺为 15mL。
- 鸡蛋一般使用 M 号大小［净重 50g（蛋白 30g、蛋黄 20g）］。
- 烤炉一般使用煤气烤炉。使用电烤炉时，请在一般基础上调高 10℃左右。由于烤炉机型差异会导致成品的效果不同，需要一边观察烤制过程一边调节温度和加热时间。
- 微波炉的加热时间由机器上显示的消耗电力表示。由于机型差异会导致成品的效果不同，需要一边观察烤制过程一边调节加热时间。

符号的使用方法

难易度 ＊＊＊ ………… ＊的数量表示难易程度。＊的数量越少，说明制作方法越简单。

所需理想时间 30分钟 ………… 准备和备齐材料所需的理想时间。不包括“暂停”、“冷却”等时间。

理想保质期 冷藏 2天 ………… 做好甜点后能够品尝其美味的理想时间。虽说不管怎么保存，保存环境的变化依然会导致甜品变质，因此请尽早食用。冷藏时，请用保鲜膜包裹好后放入保存袋中；常温条件下，请将干燥剂一同放入密封容器中保存。

朋友・同事 ………… 该符号表示，“推荐您向恋人、朋友和同事赠送这份礼物”。

ABOUT CHOCOLATE 日式甜点制作小知识！关于巧克力

【本书中使用的巧克力】

巧克力以可可豆为原料，由构成巧克力色泽及风味的“可可块”和入口即化的“可可脂”制成。用于制作日式甜点的巧克力中的可可成分含量高，可可风味也更加香浓。

本书中使用的巧克力主要为板状的烘焙用巧克力。与使用前需要切碎的块状巧克力相比，板状巧克力操作简单、易熔化，特别适合初学者使用。

① 白巧克力

去除可可豆中的茶褐色成分及可可块，将乳白色的可可脂作为主要成分保留下来，加入乳质、砂糖等制作而成。

② 牛奶巧克力

在可可块和可可脂中加入糖分和乳质等制作而成。与甜巧克力相比，可可粉的含量低，色泽更淡。

③ 甜巧克力

不含乳质，仅由可可块、可可脂和糖分制作而成。可可成分含量越高，其风味也更香浓，但会呈现出苦味。可可含量在40~60%之间的甜巧克力适合制作日式甜点。

④ 制甜点用的块状巧克力

块状巧克力在切开后使用。图例为块状的甜巧克力。

⑤ 板状巧克力

购买甜点时经常可以看到这种巧克力。除了可可脂以外，它还含有大量脂肪和香料。

可可粉

将去除大部分可可脂的可可块干燥后做成粉末状。用于饮料制作的可可粉中含有砂糖和乳质，因此不适合用来做甜点。

用作糖衣的巧克力

这种巧克力易熔化，不需调节温度就能自然定型且呈现出光泽，因此常被用作糖衣或装饰。

事先了解待用巧克力的特征和使用方法等注意事项，再着手制作，能够提高成功率。因此，请提前学习基本知识。

【基本技巧】

隔水加热熔化巧克力

由于巧克力非常细腻，故应该在盛有热水的锅上放置大碗，将巧克力置于碗中加热。隔水加热的理想温度因巧克力种类而异，一般而言，甜巧克力为60℃，白巧克力和牛奶巧克力为50℃。若使用沸水加热，会导致巧克力风味变差，请务必注意。

将巧克力置于大碗中。在比大碗小一圈的锅中注入水，将水加热到与待用巧克力相适应的温度。

把盛有巧克力的大碗碗底紧贴并置于锅上。左图为一半巧克力熔化的状态。

用塑料刮刀慢慢搅拌巧克力液至巧克力全部熔化。

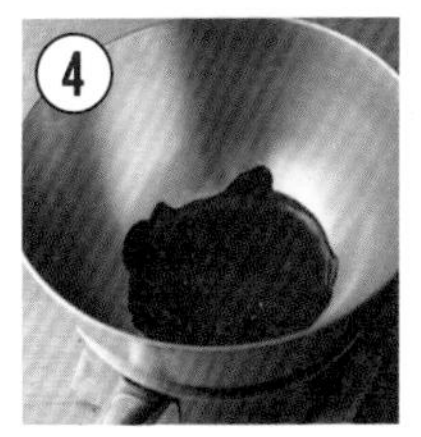

巧克力块消失时即表示熔化已完成。寒冷季节时巧克力液容易再次结块，进入下一阶段前请继续用热水保温。

在巧克力中加入鲜奶油

这是借助鲜奶油等材料的基本技巧。注意事项在于，为使巧克力不结块，需将鲜奶油加热后再加入巧克力中。

将鲜奶油倒入小锅中用火加热至四周咕嘟冒泡。将熔化的巧克力从热水锅中端出，往巧克力上慢慢浇入鲜奶油。

静至一分钟后，将塑料刮刀插入巧克力液中心位置，注意防止空气进入巧克力液，缓慢均匀搅拌。若巧克力结块，则再次使用隔水加热的方法熔化巧克力。

在巧克力中加入鸡蛋

鸡蛋呈液体状，与巧克力难以混合，因此蛋液应分多次加入。

在熔化的巧克力中倒入1/4~1/3量的蛋液，用打蛋器搅拌。

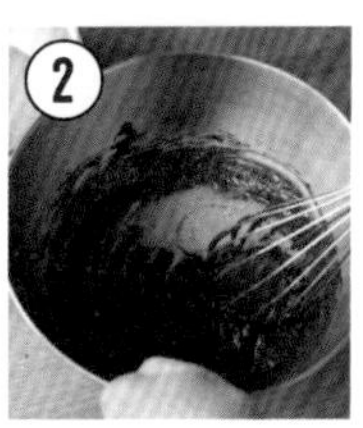

待蛋液与巧克力完全融合后，再次倒入蛋液并搅拌。重复此动作。

PART

1

GATEAU CHOCOLAT

巧克力蛋糕

“gateau”意为烤制甜点、西式点心，“chocolate”意为巧克力。两词合在一起，指的是使用巧克力的西式甜心的总称。

本章不仅将介绍巧克力蛋糕的基本做法，还将介绍用于赠礼的蛋糕、在蛋糕中加入热乎乎的栗子等操作简单的食谱。

BASIC 基本巧克力蛋糕

难易度 ★★☆

所需时间 60分钟

保质期 冷藏 7天

恋人·朋友

基本巧克力蛋糕，
若做成心形，会提升礼品质感。
在简约 & 时尚的基础上做出成人品味是要点所在。

材料

（15cm 宽幅的心形模具一套）

甜巧克力	80g
黄油（无盐）	40g
鲜奶油（乳脂含量 35%~36%）	30g
蛋黄	2个
细砂糖	25g
可可粉	30g
低筋面粉	10g
[蛋白霜]	
蛋白	2个
细砂糖	30g
糖粉（最后使用）	适量

*同等份量的情况下也可使用直径15cm的圆形容器。

WRAPPING

没有专门的包装盒也没关系。将蛋糕放在铺有花边纸的厚纸板上，装入大大的透明包装袋中，并将袋口扎紧，系一个丝带结。若再配上一朵领花，会更加提升礼物挡次。

准备

* 将黄油切成薄片后置于室温下，蛋白之外的材料也保持室温。
* 使用蛋白前，将其置于冰箱冷藏。
* 在心形模具的底部和侧壁铺上烘焙纸。（A）
* 将可可粉和低筋面粉混合后过筛。（B）
* 烤箱170℃预热。

A

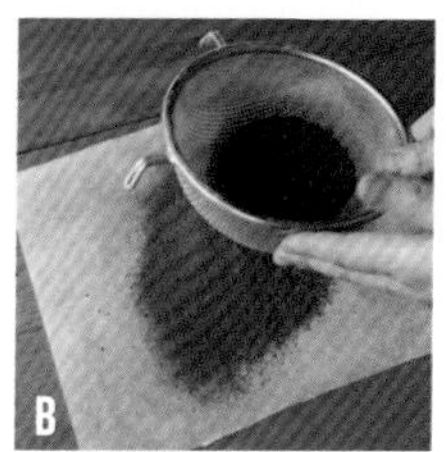
B

1 熔化巧克力与黄油

将巧克力和黄油同时置于碗中，将碗置于盛有沸水的锅子上，用隔水加热的方法熔化巧克力与黄油。

注意！
可以使用橡胶刮刀搅拌促进熔化。

2 加入蛋黄和细砂糖并搅拌

将蛋黄和细砂糖倒入另一个碗中，用打蛋器搅拌直至发白为止。将①中的碗从锅的上方拿开，把搅拌好的蛋液倒入①的碗中，继续搅拌。

3 加入鲜奶油并搅拌

将鲜奶油倒入耐热的碗中，并将碗置于微波炉（600w）中加热15秒。加热至35～40℃左右后，把鲜奶油倒入②的碗中，继续搅拌。

注意！
冬季时碗中的巧克力液易凝固，在进入下一步骤前请保持隔水加热。

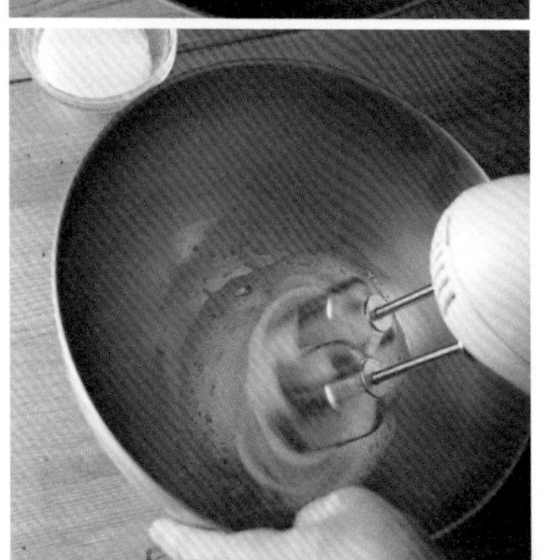

4 制作蛋白霜

在另一个碗中倒入蛋白液，使用手动搅拌器低速挡将蛋液打散。分三次加入细砂糖，每次加入后，都使用高速挡，将蛋液搅拌至搅拌器前端的蛋白霜立起为止。最后，保持碗内状态不变，使用低速挡再搅拌一分钟。

搅拌成这样就行了

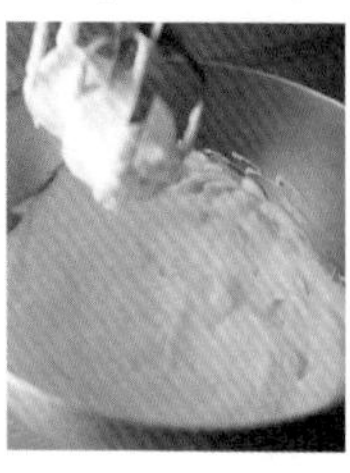

5 在步骤③的碗中加入 1/2 量的蛋白霜并搅拌

在步骤③的碗中加入步骤④中1/2量的蛋白霜，用塑料刮刀迅速搅拌，注意不要弄破泡沫。

6 加入低筋面粉

在存有少量泡沫的状态下，筛入低筋面粉并继续用塑料刮刀搅拌。待低筋面粉完全混合进去后，加入剩余的蛋白霜，再整体搅拌至色泽鲜亮为止。

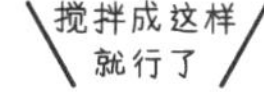

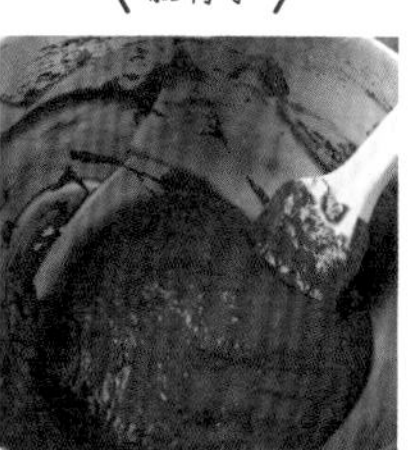

7 倒入模具中烤

将搅拌好的混合液倒入模具中，把表面抹平，用170℃预热的烤箱烤30分钟左右。

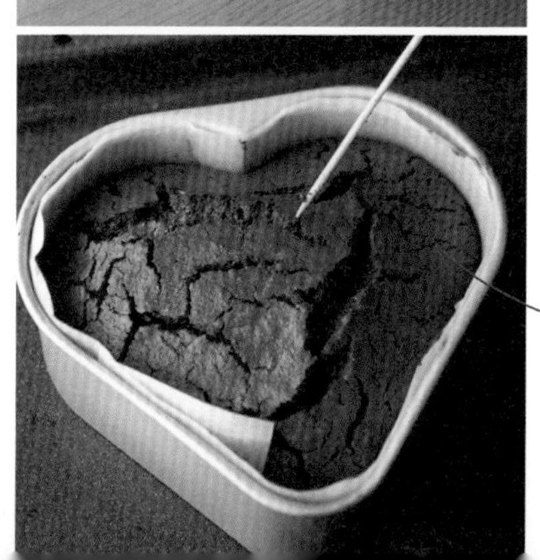

8 检查成果

用竹签轻刺蛋糕。竹签头上没有浓稠的原液时，即表示烤制成果。将蛋糕从模具中取出，置于冷却架上冷却。至完全冷却后，将糖粉倒入滤茶网中，轻洒于蛋糕上。

> 注意！
> 如果竹签上还会粘上原液，再隔2~3分钟，边观察边烤。

VARIATION 1

PETIT GATEAU CHOCOLAT

小巧克力蛋糕

使用小巧的陶瓷烤碗隔水加热，烘烤时间仅需 15 分钟！
蛋糕中夹心的黑樱桃的甘甜与浓稠巧克力的组合，
抵挡不住的味觉体验！

难易度 ★★★

所需时间 45分钟　保质期 冷藏 2天

恋人 · 朋友

材料

（5个直径6.5×4cm的陶瓷烤碗）

甜巧克力	60g
黄油（无盐）	40g
蛋黄	1个
可可粉	5g
低筋面粉	25g
[蛋白霜]	
蛋白	1个
细砂糖	30g
黑樱桃（罐装）	10个
樱桃利口酒	一小勺

准备

* 将黄油切成薄片后置于室温下，蛋白之外的材料也保持室温。
* 使用蛋白前，将其置于冰箱中冷藏。
* 将黑樱桃取出后沥干水分，涂满樱桃利口酒，把黑樱桃放入陶瓷烤碗中。一个陶瓷烤碗放两颗樱桃。将陶瓷烤碗整体排列在耐热方平底盘上。

* 将可可粉和低筋面粉倒入碗中，混合后过筛。
* 烤箱160℃预热。

① 熔化巧克力与黄油后，加入蛋黄搅拌

将巧克力和黄油放入碗中，用隔水加热（参照P.5）的方法熔化后，移除底部热水锅，在碗中加入蛋黄并搅拌。

② 加入低筋面粉并搅拌

在碗中加入低筋面粉，使用打蛋器搅拌至面粉完全与碗内巧克力液混合为止。

※ 冬季时，在进入下一步骤前，保持隔水加热。

③ 制作蛋白霜

在碗内倒入蛋白液，参照“基本巧克力蛋糕”做法④（参照P.8），将蛋白打发。

④ 将步骤②与蛋白霜混合

在步骤②的碗中加入1/2量的蛋白霜，并用塑料刮刀迅速搅拌。在存有少量泡沫的状态下，倒入剩余的蛋白霜，继续翻拌至完全混合为止。

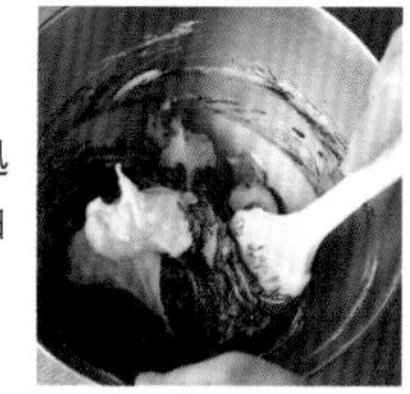

⑤ 置于陶瓷烤碗中隔水加热烤制

将碗内的混合液等量倒入陶瓷烤碗中，在耐热方平底盘中倒入约陶瓷烤碗高度1/3的水量后，将方平底盘置于160℃高温的烤箱中烤制13~15分钟。

注意！
蛋糕表面干燥，用竹签插入后，原料不粘在竹签上则说明已经烤制完成。

VARIATION 2

SOFT CHOCOLATE CAKE

古典巧克力蛋糕

吃一口含在嘴里，是又软又黏的全新味感。
同时，巧克力的浓郁芳香在嘴里散开，令人倍感幸福。
推荐您送给喜欢巧克力的那一位。

难易度＊＊＊

所需时间 50分钟　保质期 冷藏 7天

恋人・朋友・同事

材料

（1个直径15cm的圆形模具）

甜巧克力…………………… 100g
黄油（无盐）……………… 60g
蛋黄………………………… 2个
细砂糖……………………… 20g
可可粉……………………… 25g
柑曼怡酒…………………… 一大勺
[蛋白霜]
蛋白 ……………………… 2个
细砂糖 …………………… 30g

准备

* 将黄油切成薄片后置于室温下，蛋白之外的材料也置于室温下。
* 使用蛋白前，将其置于冰箱冷藏。
* 在圆形模具的底部和侧面铺上烘焙纸。
* 可可粉过筛。
* 烤箱170℃预热。

① 熔化巧克力和黄油

将巧克力和黄油放入碗中，用隔水加热（参照P.5）的方法熔化。

② 混合蛋黄和细砂糖

将蛋黄与细砂糖倒入另一个大碗中，用打蛋器搅拌至颜色变白为止。

③ 混合①和②

移开步骤①中盛热水的器具，在①的大碗中加入②中的混合物后，继续加入柑曼怡酒搅拌。

④ 加入可可粉并搅拌

加入可可粉，搅拌至全部材料混合均匀为止。

※冬季时，在进入步骤⑤之前，一直用温水给大碗加热。

⑤ 制作蛋白霜

将蛋白置于碗中，参照“巧克力蛋糕”的做法④（P.8），将蛋白打发。

⑥ 在④中加入蛋白霜

在④中加入⑤的1/2份量，用橡胶刮刀迅速搅拌。在剩余少许泡沫时加入剩下的蛋白霜，继续搅拌至全部材料混合且出现光泽为止。

⑦ 倒入模具中烤制

往模具中倒入原料，将表面弄平整，在170℃的烤炉中烤20分钟。用竹签插入原料表面，若表面变得黏稠，则标志着烤制完成。端出模具，置于冷却架上待其冷却。

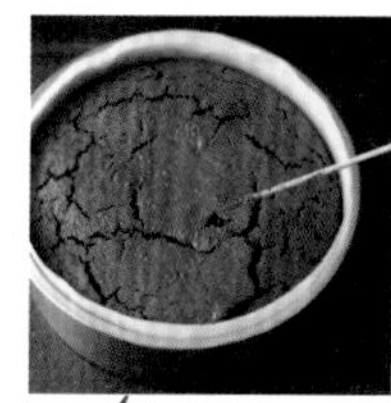

注意！
由于原材料质地较软，应待其冷却后再脱模。

VARIATION 3

MARRON GATEAU CHOCOLAT

栗子巧克力蛋糕

外表就是普通的巧克力蛋糕，
中间却夹着松软的栗子。
为了不让栗子尝起来太甜，要带皮煮透。

难易度 ★★★

所需时间 1小时15分钟 保质期 冷藏 7天

恋人·朋友·同事

材料

（1 个直径 15cm 的圆形模具）

甜巧克力…………………… 60g
黄油（无盐）……………… 70g
鲜奶油（乳脂含量 35%~36%）
……………………………… 30g
朗姆酒…………………… 1 大勺
鸡蛋………………………… 2 个
细砂糖……………………… 70g
可可粉……………………… 30g
低筋面粉…………………… 10g
带皮煮的栗子…………… 约 8 个

准备

* 将黄油切成薄片后置于室温下，鲜奶油之外的其他材料也置于室温下。
* 在圆形模具的底部和侧面铺上烘焙纸。
* 将可可粉和低筋面粉倒入碗中，混合后过筛。
* 烤箱170℃预热。

① 熔化巧克力和黄油

将巧克力和黄油放入碗中，用隔水加热（参照P.5）的方法熔化。

② 倒入鲜奶油和朗姆酒

往耐热碗中倒入鲜奶油，并在微波炉（600w）中以35～40的温度加热15秒左右后，倒入步骤①的碗中。同时倒入朗姆酒搅拌混合。

注意！
冬季时，在进入下一步骤前，保持隔水加热。

③ 加入鸡蛋和细砂糖后搅拌并加热

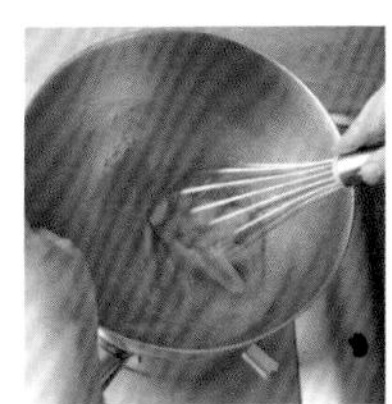

在另一个碗中敲开鸡蛋并把蛋液打碎，加入细砂糖后用打蛋器搅拌。小火加热隔水加热时使用的小锅，将碗置于锅上，边搅拌边加热至40℃左右。

④ 手动搅拌器打发蛋液

从小锅上拿下碗，用手动搅拌器的高速挡打泡。搅拌时出现声响，同时混合液呈黏稠状且像丝带一样落下时，改用低速挡，继续搅拌一分钟左右。

⑤ 在步骤②中加入低筋面粉，与步骤④混合

在步骤②的碗中加入低筋面粉并用打蛋器搅拌至面粉全部融入巧克力液。在步骤④的碗中加入所有原材料，用塑料刮刀充分搅拌至出现光泽为止。

⑥ 入模具烤制

在模具中倒入步骤⑤中1/2份量的原液，将栗子整齐摆放在原液上，再倒入剩下的原液，将表面抹平，放入170℃的烤箱内烤制40～45分钟左右。用竹签轻刺蛋糕。竹签上不粘有浓稠的原液时，即表示烤制完成。

PART

2

BROWNIES

布朗尼

美国家庭常备的巧克力风味美式甜点。
使用松饼粉或白巧克力等材料，
无论加入什么材料，都只需烤制的简易食谱。

BASIC 基本布朗尼

撒满核桃并切成方形的基本款式。
可根据您的喜好随意切成多份作为礼物赠送，
实属亲朋好友间馈赠之良品。

难易度 ★☆☆

所需时间 55分钟

保质期 冷藏 7天

恋人·朋友
同事

材料

（26×20.5×4cm 的方平底盘一个）

甜巧克力	110g
黄油（无盐）	120g
鸡蛋	2个
细砂糖	120g
可可粉	20g
低筋面粉	60g
泡打粉	2g
核桃	80g

WRAPPING

将布朗尼切成容易食用的形状，装在耐油的玻璃纸或透明袋子里，并用鲜艳的铁丝丝带包扎开口。剪下一小截蕾丝纸，包裹在袋子周围，会显得更加精致可爱，有女生气息。

准备

* 将核桃用160℃高温的烤箱中烤8分钟左右。晾凉后，一半留作最后收尾点缀时使用，另一半碾碎，准备拌入原液中。（A）
* 将黄油切成薄片后置于室温下。其他材料也保持室温。
* 将可可粉、低筋面粉和泡打粉倒入碗中，混合后过筛。（B）
* 将烘焙纸按照方平底盘的大小剪裁后，四角折起，沿盘边压下，用手指将纸边压下。（C）
* 烤箱170℃预热。

A

B

C

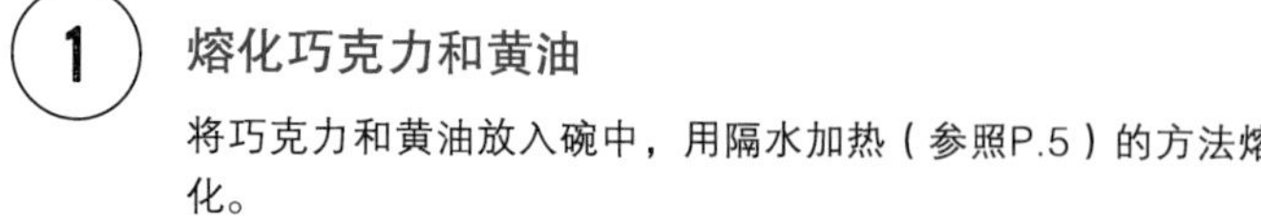

① 熔化巧克力和黄油

将巧克力和黄油放入碗中，用隔水加热（参照P.5）的方法熔化。

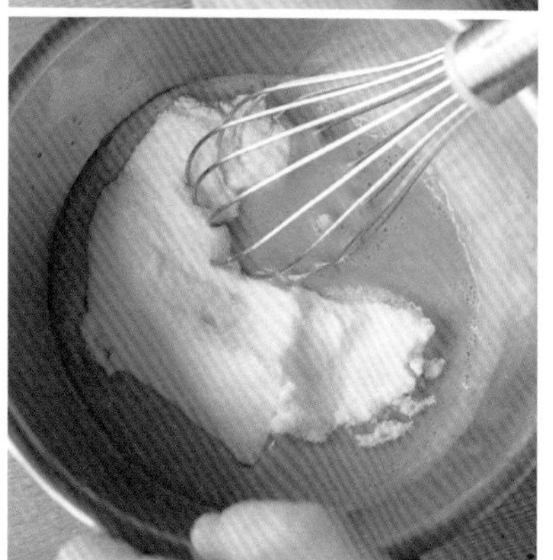

② 混合鸡蛋和细砂糖

在另一个碗中倒入蛋黄和细砂糖，用打蛋器搅拌至发白为止。

③ 混合①和②

在①的大碗中分3－4次加入②的混合物后，轻轻搅拌，注意不要混入空气。

> 注意！
> 要充分搅拌，当加入的蛋液充分混合后再继续倒入剩余蛋液。

④ 加入粉类混合物并搅拌

在步骤③的碗中加入粉类混合物，用塑料刮刀继续搅拌。

5 混合碎核桃

在碗内面粉还残存的状态下，将碾碎的核桃倒入碗中，继续搅拌至全部材料混合且面糊变得有光泽为止。

6 倒入方平底盘中

往方平底盘中倒入步骤⑤的面糊，填满盘子四周，并将原材料表面抹平。

注意！
用塑料刮刀将原材料填满整个方盘，出炉后的形状更赏心悦目。

7 撒核桃并烤制

将剩余的核桃均匀撒在原材料表面，用170℃预热的烤箱烤制25～30分钟。

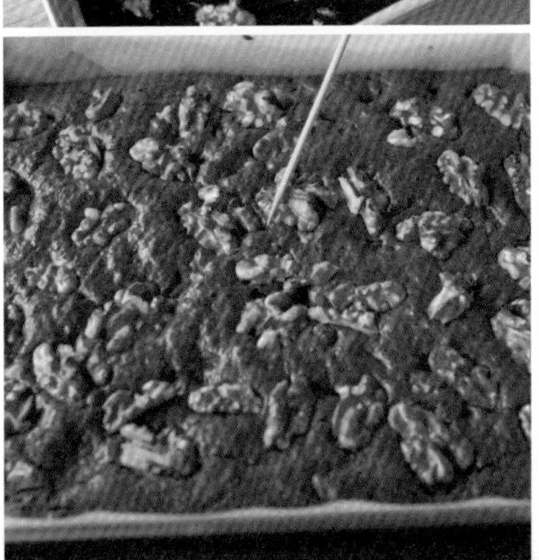

8 冷却

用竹签插入布朗尼中间位置，若竹签头上没有浓稠的原材料，则标志着烤制完成。晾凉后，将布朗尼从盘中取出，置于冷却架上冷却。

VARIATION 1

CARAMEL BANANA BROWNIE

焦糖香蕉布朗尼

裹上焦糖的香蕉的香甜与巧克力的完美组合！
秘诀是使用醇香的红糖。

难易度 ★ ★ ★

所需时间 60分钟 保质期 冷藏 2天

恋人 · 朋友

材料

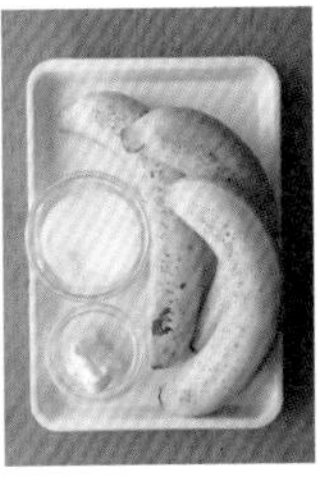

（26×20.5×4cm 的方平底盘一个）

甜巧克力……………………120g
黄油（无盐）………………60g
鸡蛋……………………………2个
红糖……………………………80g
盐……………………………一小撮
牛奶……………………………30g
可可粉…………………………20g
低筋面粉………………………60g

［焦糖香蕉］
香蕉（熟透）……………300g
细砂糖………………………30g
黄油…………………………10g

准备

* 将黄油切成薄片后置于室温下。其他材料也保持室温。
* 将可可粉、低筋面粉和泡打粉倒入碗中，混合后过筛。
* 将烘焙纸按照方平底盘的大小剪裁后，四角折起，沿盘边压下，用手指将纸边压下。
* 烤箱170℃预热。
* 香蕉切成1cm厚的圆片备用

① 制作焦糖

在煎锅中倒入制作焦糖香蕉的细砂糖并用文火加热。糖液呈现出红褐色后关火倒入切好的黄油片。

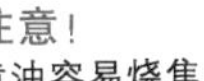

注意！
黄油容易烧焦，一定要关火之后才能倒入黄油。

② 嫩煎香蕉

往煎锅中倒入香蕉片，将火稍微调大至中火，翻炒香蕉片至完全浸透糖液后停止翻炒，消除余热。挑选出形状较好、可用于装饰的香蕉片25枚，剩余的香蕉片用叉子轻轻碾碎，用于混入原材料。

③ 熔化巧克力和黄油

将巧克力和黄油放入碗中，用隔水加热（参照P.5）的方法熔化。

④ 混合鸡蛋和细砂糖

在另一个碗中倒入鸡蛋并打碎，加入红糖和食盐后用打蛋器搅拌均匀后，加入牛奶继续搅拌。

⑤ 在步骤③的碗中加入步骤④的材料

在步骤③的大碗中分3～4次加入④的混合物后，轻轻搅拌。

⑥ 加入可可粉等面粉及香蕉碎片并搅拌

待原材料全部混合后，加入粉类混合物，用塑料刮刀搅拌。搅拌到8成左右时，加入碾碎的焦糖香蕉，用塑料刮刀继续搅拌至面粉等完全混合为止。

⑦ 铺上香蕉片并烤制

原材料倒入方平底盘中并将表面抹平，在表面放上装饰用的焦糖香蕉片后，把盘子放入170℃预热的烤箱烤制30分钟。

⑧ 冷却

将布朗尼从方平底盘中端出，置于冷却架上冷却。

VARIATION 2

WHITE CHOCOLATE BROWNIE

白巧克力布朗尼

白巧克力的白色是可可脂的颜色。

即使没有巧克力的色泽，那也是高贵的巧克力家族的一员。

实属白色情人节回礼之佳品！

难易度 ＊＊

所需时间 50分钟　保质期 冷藏 7天

恋人·朋友

材料

（26×20.5×4cm的方平底盘一个）

白巧克力…………………… 140g
黄油（无盐）……………… 70g
鸡蛋………………………… 2个
细砂糖……………………… 80g
牛奶………………………… 2小勺
樱桃利口酒………………… 2小勺
低筋面粉…………………… 80g
泡打粉……………………… 2g
树莓（冷冻）……………… 100g
糖粉（难溶类型）………… 适量

准备

* 将树莓解冻后沥干水。
* 将黄油切成薄片后置于室温下。其他材料也保持室温。
* 将可可粉和泡打粉倒入碗中，混合后过筛。
* 将烘焙纸按照方平底盘的大小剪裁后，四角折起，沿盘边压下，用手指将纸边压下。
* 烤箱170℃预热。

① 熔化巧克力和黄油

将巧克力和黄油放入碗中，用隔水加热（参照P.5）的方法熔化。

② 混合鸡蛋和细砂糖

在另一个碗中倒入蛋黄打碎后加入细砂糖，用打蛋器搅拌至发白为止。

③ 混合①和②

在①的大碗中分3～4次加入②的混合物，每加一次轻轻搅拌一次。按顺序再分别倒入牛奶和樱桃利口酒，用同样的方法搅拌。

④ 加入粉类混合物并搅拌

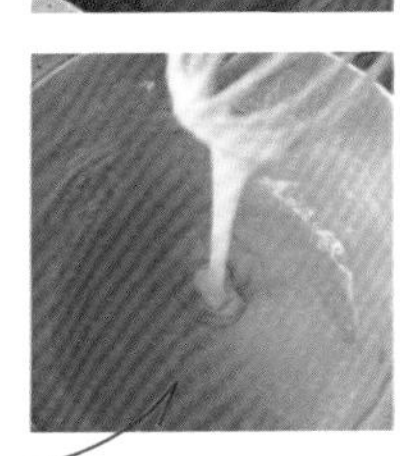

在步骤③的碗中加入粉类混合物，用打泡器继续搅拌至面粉完全混合为止。

注意！
如图所示，将蛋液混合至柔滑有光泽的状态即可。

⑤ 将原料倒入盘中并均匀地撒上树莓

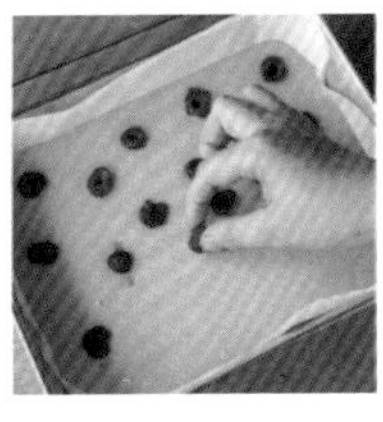

将搅拌好的原料倒入方平底盘中，在表面放上树莓。

⑥ 烤制

在170℃预热的烤箱中烤制25分钟左右。待余热退去后将蛋糕从盘中取出置于冷却架上继续冷却。待完全冷却后，将糖粉倒入滤茶网中，均匀洒在蛋糕上。

VARIATION 3

HOTCAKE MIX BROWNIE

松饼布朗尼

主要原材料是无论身在何处也能轻松到手的
板状巧克力与松饼粉。
只要想做，就能马上做好的
轻松布朗尼。
话虽如此，却也不输给布朗尼的“本格派”们。

难易度 ★★★

所需时间 **60**分钟　保质期 冷藏 **7**天

恋人·朋友·同事

材料

（26×20.5×4cm的方平底盘一个）

板状巧克力（黑巧克力） 200g
黄油（无盐）………………… 80g
鸡蛋………………………… 2个
细砂糖……………………… 50g
松饼粉…………………… 120g
巴旦木（整个）…………… 50g
制作涂层的巧克力………… 适量

准备

* 将巴旦木放在160℃预热的烤箱中烤制10分钟左右后，晾凉，用刀切成大粒，一半装饰用，另一半用于原材料的混合液中。
* 将黄油切成薄片后置于室温下。其他材料也保持室温。
* 将烘焙纸按照方平底盘的大小剪裁后，四角折起，沿盘边压下，用手指将纸边压下。
* 烤箱170℃预热。

① 熔化板状巧克力与黄油

将板状巧克力掰碎后和黄油一起放入碗中，用隔水加热（参照P.5）的方法熔化。

② 混合鸡蛋和细砂糖

在另一个碗中倒入蛋黄打碎后加入细砂糖，用打蛋器搅拌至发白为止。

③ 混合①和②

在①的大碗中分3～4次加入②中的混合物，每加一次都要搅拌均匀，注意不要混入空气。

④ 混合松饼粉和巴旦木

在碗中倒入松饼粉并用塑料刮刀搅拌。在面粉残存的状态下加入用于切碎的巴旦木，继续搅拌至面粉完全混合且面糊有光泽为止。

⑤ 倒入盘中烤制

将原材料倒入方平底盘中，放入预热至170℃的烤箱中烤制25~30分钟。余热散尽后，将蛋糕从盘中取出放在冷却架上冷却，并取下烘焙纸。

⑥ 涂上巧克力涂层

将制作涂层的巧克力放在碗中，用隔水加热的方法（参照P.5）熔化后，在步骤⑤的布朗尼上用勺子描线，在线的上边再撒上装饰用的巴旦木。

注意！
只有趁巧克力涂层变干之前撒上巴旦木，巴旦木才不容易掉落。

PART 3

COOKIES 曲奇饼干

混合好原料后做成心爱的造型再烤制即可！
特别推荐给制作点心的初学者。
加入可可粉或巧克力等，
无论哪种都是小礼物之上选！

BASIC 基本印模曲奇

带有微苦可可味道的饼干。制作成心形和星形这种简单却童趣十足的形状，还可以按照自己的喜好装饰一下！（P30）

难易度 ★☆☆

所需时间 50分钟

保质期 冷藏 10天

恋人・朋友 同事

材料

（约 6cm 大、24 块）

黄油（无盐）	140g
糖粉	50g
蛋黄	1 个
可可粉	40g
低筋面粉	160g

WRAPPING

配合透明袋大小剪裁稍微厚的纸，将纸放入袋中作为衬底，往袋中装入一枚曲奇饼干。衬底纸选择喜欢的印花是诀窍之一。用迷你卡片上的细绳将袋子围一圈绑好即完成礼物包装。

准备

* 将黄油切成薄片后置于室温下。其他材料也保持室温。
* 将可可粉和低筋面粉倒入碗中，混合后过筛。（A）
* 在烤盘上铺一层烘焙纸。（B）
* 原材料置于冰箱中冷藏时，将烤箱160℃预热。

A

B

1 黄油加糖粉混合

在碗中放入黄油并用塑料刮刀拌匀，硬块消失后加入糖粉，继续搅拌。

2 加蛋黄搅拌

糖粉完全混合后，往碗中加入蛋黄，继续搅拌至蛋黄完全混合。

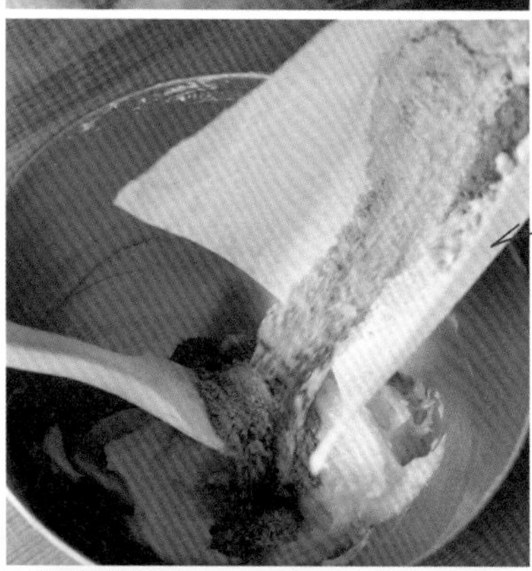

3 混合粉类

将粉类混合物分2次加入并搅拌。第一次倒入1/2量的面粉，用塑料刮刀搅拌至残存少量面粉状态。

注意！
在少量面粉残存的状态下再加入剩余的面粉。

4 混合剩余面粉

在步骤③的碗中倒入剩余的面粉，搅拌至面粉完全混合消失为止。

搅拌成这样就行了

5 放在冰箱中醒面

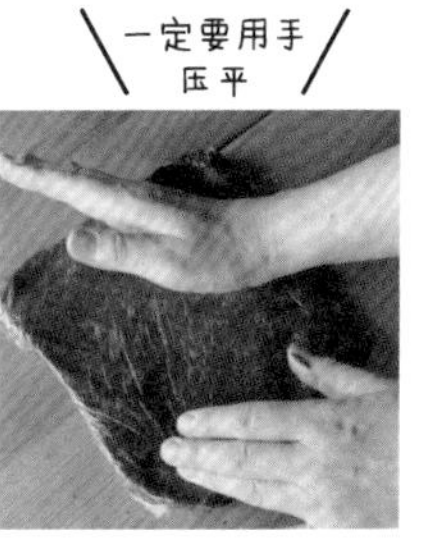

将面团揉成一团后用保鲜膜包好，用手将面团压平后，放在冰箱中冷藏2小时以上。

6 重新揉面团

在案板上撒上面粉（高筋面粉・份量以外），将醒好的面团用手轻揉。

7 拉开面团

用擀面杖将面团压至4mm厚左右。

> 注意！
> 如果面团仍然柔软，放在冰箱中再冷藏30分钟左右，使其冷却变硬。

8 印模并烤制

在心仪的模具上撒满面粉（高筋面粉・份量以外），在步骤⑦的面团上印出形状。将印好的面团放在烤盘上，置于160℃预热的烤箱中烤制15～20分钟。烤制完成后取出饼干放在冷却架上冷却。

\ 曲奇饼干的装饰 /

用巧克力笔&糖衣装扮曲奇饼干

>>参照P33

1 镶嵌柔和 3 色的小圆点。

2 描画饼干轮廓，迅速晃动彩色糖液，写出 LOVE 字样。

3 在饼干周围画上一圈波浪线后，放上心形糖果，并写上文字。

4 描画头发和眼睛，把心形糖果放在头发位置当作丝带，并配以银色糖粒装饰。

5 描画轮廓，迅速放上彩色糖果，并写上文字。

6 用巧克力笔当黏着剂，粘上星形彩色糖果。

7 描画 Z 字形，迅速在上面撒上彩色糖果。

8 描画漩涡状，迅速在上面撒上开心果、干树莓和银色糖粒。

手工制作曲奇饼干时，可以使用巧克力笔和糖衣，享受简单装饰饼干的快乐！
彩色糖果和银箔糖果等装饰品，可以在制作点心的用品专卖店轻松买到。
请尽情尝试制作属于您的原创曲奇饼干。

1 在饼干一整面涂匀糖衣后迅速撒上水晶糖粉。

2 在饼干一整面涂匀糖衣后迅速撒上小粒的银色糖粒。

3 在饼干一整面涂匀糖衣后迅速用其他糖液画上细线。

4 用糖液描画粗线条轮廓后迅速撒上彩色糖果。

5 在饼干一整面涂匀糖衣后迅速涂满银箔糖衣。

6 在饼干周围涂一圈后迅速撒上水晶糖粉、彩色糖果，并用银色糖粒装饰，用巧克力笔将丝带和糖衣粘在一起。

7 在饼干一整面涂匀糖衣，待糖衣干燥后，用深色糖液描画心形。

8 在饼干一整面涂匀糖衣，待糖衣干燥后，用白色糖液描画蕾丝花边。

在饼干一整面涂匀糖衣后迅速用其他糖液画上小点。

9 在饼干一整面涂匀糖衣，待糖衣干燥后，用其他糖液画上小点并围成一圈描画出项链。

10 在项链下方中央位置涂一个大圆点，用银色糖粒装饰。

11 在饼干一整面涂匀糖衣，待糖衣干燥后，用其他糖液描画小花模样。在花的中心涂一个小圆点，用银色糖粒装饰。

12 给饼干一面涂上两种不同颜色的糖衣。

糖衣的制作与使用方法

在糖粉中加入蛋白后搅拌至有光泽即完成糖衣制作。
糖衣在杯子蛋糕和磅蛋糕等各种甜点装饰中发挥着重要作用。

【制作糖衣】

（容易制作的份量）
糖粉…………… 110g
蛋白…………… 15g

基本的制作方法

将糖粉均匀倒入碗中，加入蛋白。

2

用较大的叉子快速搅拌，当蛋白与砂糖完全混合后，用叉子继续切拌。

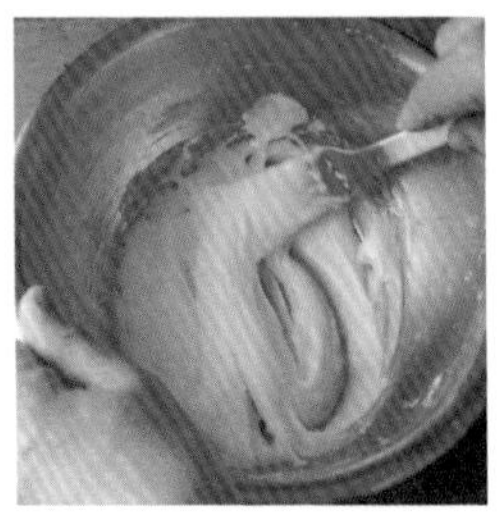

3

碗中的糖液出现光泽且碗壁上出现叉子的痕迹、糖液可以拉起尖角时，标志着糖衣制作完成。这种状态下的糖衣具有一样的硬度，可以根据使用目的不同调整糖液硬度。

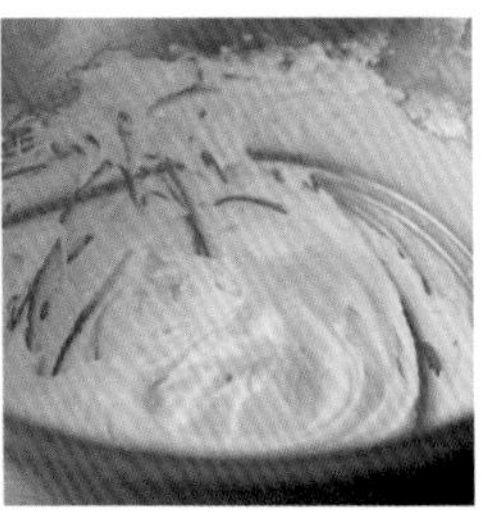

调整硬度

描画图案或线条时使用中等硬度

描画心形或圆点等图案或线条时，在糖衣液中加入糖浆（★），或者分多次加入少量水，将糖衣液搅拌至如图所示可以拉出大大的弯角为止。

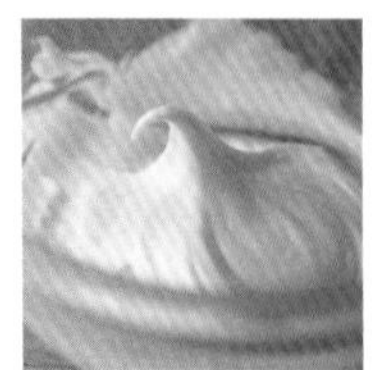

涂抹时使用较软硬度

涂抹时，在糖衣液中分多次加入少量糖浆，搅拌至舀起糖液后糖液顺滑流下并在4秒内回复平缓的状态为止。

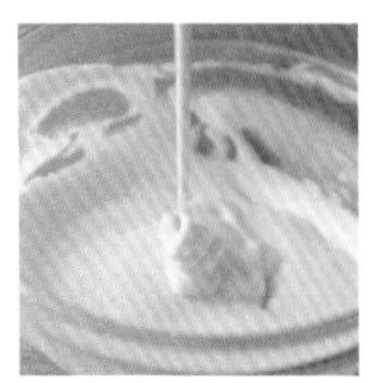

★糖浆的做法

在锅中倒入水和细砂糖并加火煮开，偶尔搅拌，至细砂糖完全熔化后关火冷却。

上色

如果使用粉末状食用色素，需将少量粉末用水熔化后使用；使用凝胶状的食用色素时，则用牙签取少量色素加入糖液中搅拌混合。每次取少量多次混合，可取得很好的上色效果。

【食用色素】

无需水溶化的凝胶状食用色素更方便。

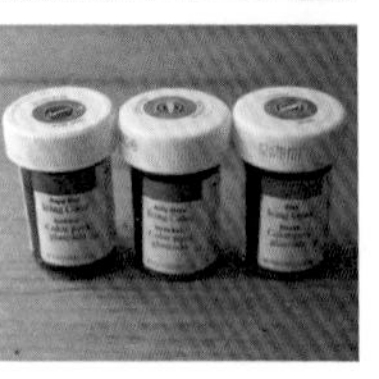

【糖衣的使用方法】

※ 为了使做法①、②更易看清，使用白色纸演示。

制作圆锥形卷纸后将糖衣倒入里面

将OPP薄膜（包装时使用的透明薄膜）剪裁成正方形，沿对角线剪成三角形后，以定点正下方部分为中心，将薄膜卷起。

2

将薄膜卷成圆锥形后，用胶带固定住。

3

用黄油刀等将糖衣液装入。

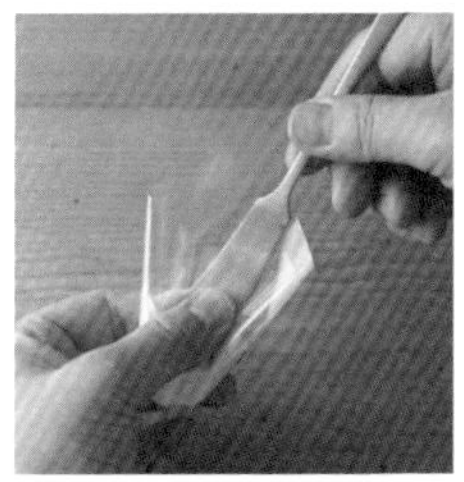

4

将胶带固定的部分朝向后侧，将上端左右突出的部分折入内侧，注意防止空气进入。再从上往下将开口部分折好后，用胶带封口。在挤出糖衣之前，依据个人喜好，将圆锥头部剪出一定大小的小孔后再使用。

挤糖衣的技巧

直线

使用中等硬度的糖衣。稍微抬起圆锥头部，一边移动卷纸一边挤出糖衣。

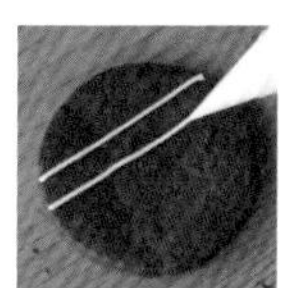

圆点

使用中等硬度的糖衣。稍微抬起圆锥头部，保持卷纸不动挤出糖衣，挤出个人喜好的大小后，像写一个小小的日语字“の”一样轻轻回转。

心形

使用中等硬度的糖衣。描画出圆点，保持一定姿势移动卷纸头部，使挤出的糖衣慢慢变细。以此方法连续描画两次，将变细的尖端连在一起即可。

涂抹

使用中等硬度和较软硬度的糖衣。首先用糖衣（较软硬度至中等硬度）围一圈，再在中间涂满糖衣（较软硬度）。

使用巧克力笔的注意事项

诀窍是，不要一点点地描画，要一口气迅速描画完成。巧克力笔变硬时用水加热使其软化。但是，如果再次用水加热，水可能从开口处进入笔中。所以一旦经水加热，请务必用完。

BASIC

DROP COOKIES
基本圆曲奇

使用松饼粉等原材料迅速制作，
用勺子舀起后放在烤盘上后直接送入烤箱！
轻松制作、成功率 100% 的
简易食谱。

难易度 * * *

所需时间 40分钟　保质期 冷藏 10天

朋友 · 同事

材料

（直径约 7cm 12 枚份量）

黄油（无盐）	60g
细砂糖	20g
松饼粉	100g
巧克力豆	30g
巴旦木	30g

准备

* 将黄油切成薄片后置于室温下。其他材料也保持室温。
* 将巴旦木置于160℃烤箱中烤制10分钟左右，取出后切碎并冷却。
* 在烤盘上铺上一层烘焙纸。
* 烤箱160℃预热。

① 黄油加糖混合

在碗中放入黄油并用塑料刮刀拌匀，硬块消失后加入细砂糖，继续搅拌。

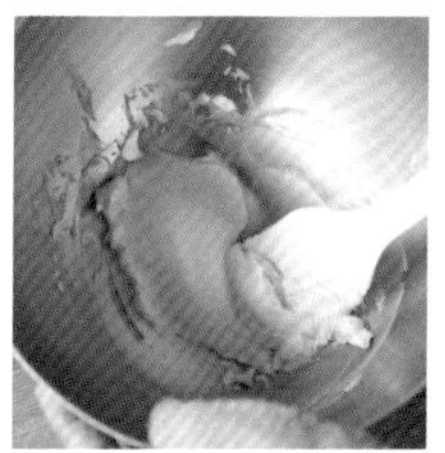

② 混合松饼粉

加入松饼粉，搅拌至有少量面粉残存的状态。

③ 混合巧克力豆与巴旦木

加入巧克力豆与巴旦木，继续搅拌至面粉完全消失。

④ 码放在烤盘上烤制

将混合好的面粉12等分，用勺子舀出，在烤盘上隔一定距离放好之后用手指压平。将烤盘放在160℃高温的烤箱中烤制12分钟左右。

⑤ 冷却

烤制完成后将饼干取出放在冷却架上冷却。

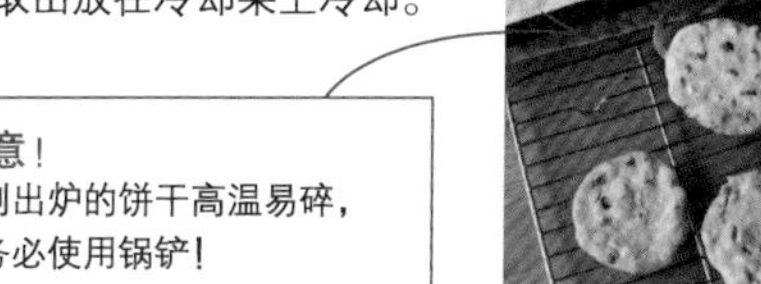

ICEBOX COOKIES
基本冰箱曲奇

BASIC 基本冰箱曲奇

难易度 ★★☆

所需时间 60分钟

保质期 冷藏 10天

朋友·同事

冰箱中冷却硬化的原料与细砂糖碰撞后，
切成一口即食大小烤制而成。
砂糖沙沙的口感与可可粉的香味组成绝妙体验，
想吃多少就吃多少！

材料

（直径约 2.5cm 32 个份量）

材料	用量
黄油（无盐）	45g
食盐	一小撮
糖粉	30g
蛋黄	1个
可可粉	15g
低筋面粉	75g
细砂糖	适量

WRAPPING

用蜡纸等耐油脂加工处理的纸，每2个曲奇饼干一组，包成糖果形状。包装盒如果使用奶酪的包装盒，会提升整体的时尚效果。

准备

* 将黄油切成薄片后置于室温下。其他材料也保持室温。
* 将可可粉和低筋面粉倒入碗中，混合后过筛。（A）
* 在烤盘上铺上一层烘焙纸。（B）
* 将原材料置于冰箱中冷藏时，烤箱160℃预热。

A

B

① 混合黄油、食盐、糖粉、蛋黄

在碗中放入黄油和食盐并用塑料刮刀拌匀。黄油软化后加入糖粉，继续搅拌。随后再加入蛋黄，继续搅拌。

② 混合可可粉等面粉

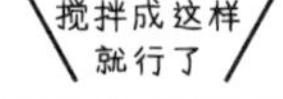

全部材料完全混合后，加入可可粉等面粉，用塑料刮刀搅拌至有少量面粉残存。

③ 放入冰箱醒面

将面粉揉成一团后用塑料薄膜包住，碾平后放入冰箱醒面2小时以上。

④ 揉成长条状

在案板上撒上面粉（高筋面粉・份量以外），将醒好的面团取出后分成2等分，用手轻揉，每一份都揉成16cm的圆长条形。

5 放入冰箱冷藏使其硬化

用塑料薄膜包好长条面棒后放入冰箱中冷冻1小时以上（如果放入冷藏柜，至少2小时），使面棒完全冷却硬化。用同样方法处理另一根面棒。

> 注意！
> 若不能完全冷却冻硬，
> 在切的时候面棒易变形。

6 涂满细砂糖

在方平底盘上铺满细砂糖，将步骤⑤中的面棒表面轻轻抹上一层水后，把面棒置于细砂糖上滚动，直至面棒上沾满糖粒。

7 切成 1cm 厚度并烤制

用菜刀将面棒切成1cm厚的饼干后，在烤盘上间隔一定距离放好。将烤盘放在160℃高温的烤箱中烤制20～25分钟左右。不能同时烤制两根面棒的量时，分成2次烤制。

> 注意！
> 分成2次烤制的时候，
> 在第2次把面棒放进烤箱之前，
> 请将面棒置于冷藏柜中。

8 冷却

将新鲜出炉的饼干取出后放在冷却架上冷却。

VARIATION 1

SWIRLING PATTERN ICEBOX COOKIE

漩涡冰箱曲奇

一圈一圈旋转的漩涡纹样可爱十分！
是对基本冰箱曲奇的简单调整，
却有着更上一层楼的效果，
制作日式点心的本领多多、信心满满。

难易度 ★

所需时间 **55**分钟　保质期　常温 **10**天

恋人·朋友·同事

材料

（直径约3.5cm 40个份量）

[可可味]

- 黄油（无盐） ………… 45g
- 食盐 ……………………一小撮
- 糖粉 ……………………… 30g
- 蛋黄 ……………………… 1个
- 可可粉 …………………… 15g
- 低筋面粉 ………………… 75g

[原味]

- 黄油（无盐） ………… 45g
- 食盐 ……………………一小撮
- 糖粉 ……………………… 30g
- 蛋黄 ……………………… 1个
- 低筋面粉 ………………… 90g

准备

- ＊ 无论是可可味还是原味，都将黄油切成薄片后置于室温下。其他材料也保持室温。
- ＊ 可可味的将可可粉和低筋面粉倒入碗中，混合后过筛。原味的将低筋面粉过筛。
- ＊ 在烤盘上铺上一层烘焙纸。（B）
- ＊ 将原材料置于冰箱中冷藏后，烤箱160℃预热。

① 制作可可味底料

参照[基本冰箱曲奇]的做法1～3（P.38），制作底料，并放在冰箱中冷藏。

② 制作原味底料

参照[基本冰箱曲奇]的做法1～3（P.38），制作底料，并放在冰箱中冷藏。

③ 擀开底料

在案板上撒上面粉（高筋面粉・份量以外），将两种底料的面团都分为2等分后用手轻揉，再用擀面杖将面团压成约11×15cm大小。

④ 重叠面皮

将各面皮的正反面对齐后，在原味面皮上稍微涂抹蛋白液（份量外），将可可味面皮重合放在原味面皮上。

⑤ 卷成棒状

将重叠的面皮细细卷起，以此为芯一圈一圈慢慢卷，用两手的手掌将面皮卷成20cm长的圆筒状。用同样方法再制作一份。

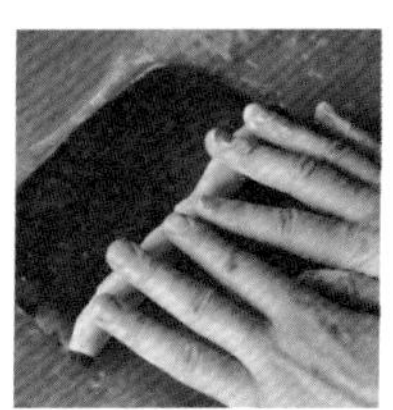

⑥ 放入冰箱中冷藏使其硬化

用塑料薄膜包住面棒后，放入冰箱中冷冻1小时以上（如果放入冷藏柜的话需要2小时），使面棒完全冷却硬化。

> 注意！
> 若不能完全冷却冻硬，
> 在切的时候面棒易变形。

⑦ 切成1cm厚并烤制、冷却

将面棒切成1cm厚的饼状后，在烤盘上间隔一定距离放好。将烤盘放在160℃高温的烤箱中烤制20~25分钟左右。取出新鲜出炉的饼干放在冷却架上冷却。

VARIATION 2

CHOCOLATE CRACKLES

巧克力裂纹曲奇

苦甜味 & 沙沙的轻快口感！
吃过一次后就难以割舍的美味。
在男生中也颇具人气的快手曲奇。

难易度 * *

所需时间 45分钟 保质期 常温 10天

朋友 · 同事

材料

（直径约 4.5cm 20 个份量）

甜巧克力…………………… 40g
黄油（无盐）…………… 40g
食盐…………………… 一小撮
香草油………………… 2~3 滴
红糖…………………… 40g
搅碎的蛋液…25g（约 1/2 个）
牛奶…………………… 25g
可可粉………………… 10g
低筋面粉……………… 40g
泡打粉………………1/4 勺
肉桂粉………………… 一小撮
糖粉（完成时用）……… 适量

准备

* 将黄油切成薄片后置于室温下。其他材料也保持室温。
* 将可可粉、低筋面粉、泡打粉和肉桂粉倒入碗中，混合过筛。
* 在烤盘上铺上一层烘焙纸。
* 将原材料置于冰箱中冷藏，烤箱160℃预热。

1 熔化巧克力

将巧克力放入碗中，用隔水加热的方法（参照P.5）熔化。

2 黄油加食盐、香草油并搅拌

在另一个碗中放入黄油、食盐、香草油，用塑料刮刀搅拌成奶油状。

3 混合红糖、蛋液

加入红糖，用打蛋器搅拌至颜色发白为止。蛋液分3次倒入，每一次都要搅拌至柔滑状态，加入步骤①中的巧克力，并倒入牛奶搅拌。

注意！
为避免黄油凝固，
加入的巧克力保持微温热。

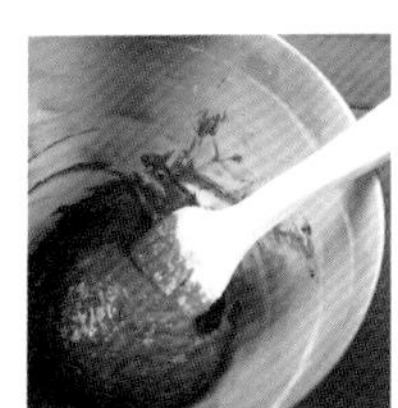

4 混合粉类等

待全部原料混合后，加入可可粉等面粉，用塑料刮刀以上下切割的姿势搅拌至面粉完全混合、色泽鲜亮为止。

5 放入冰箱中冷藏使其硬化

将面团揉成一团后用塑料薄膜包好，压平成边长约15cm的正方形，放入冰箱中冷藏3小时以上，以保证面团充分冷冻硬化。

6 分成 20 等分

揭开薄膜，切成20等分。

注意！
冷冻硬化后，
用刀简单切开即可。

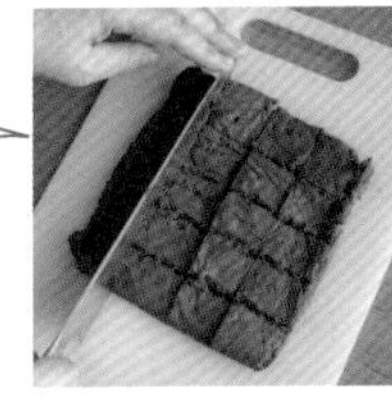

7 搓圆

将糖粉倒入碗中，两手轻轻粘上面粉（高筋面粉·份量以外），将切好的巧克力搓成圆球状放到装有糖粉的碗中，使圆球沾满砂糖。

8 烤制并冷却。

在烤盘上间隔一定距离放好。将烤盘放在预热至160℃的烤箱中烤15分钟左右。将新鲜出炉的饼干取出后放在冷却架上冷却。

PART

4

GANACHE 生巧克力

巧克力底料中加入鲜奶油，
吃起来柔软顺滑，这便是生巧克力。
欧美国家把它叫做 ganache。
添加喜欢的口味，
或在顶饰上下功夫，
随心所欲、自由安排。

BASIC 基本生巧克力

日式巧克力点心的王牌非生巧克力莫属。
浓郁的香甜风味与入口即化的奶油口感，
实属情人节的真情甄选。

难易度 ★★☆

所需时间 3小时30分钟

保质期 冷藏 3天

恋人·朋友 同事

材料

（18×13.5×3cm 的方平底盘）

甜巧克力…………………………………………150g
鲜奶油（乳脂含量 35%~36%）……………80g
麦芽糖……………………………………………8g
黄油（无盐）……………………………………8g
可可粉（完成时用）…………………………适量

WRAPPING

在没有装饰的薄铁皮小盒子或纸箱里铺上一层玻璃纸，按照盒子大小，将切好的生巧克力装入盒中。用彩色橡胶带固定住盒盖，选择喜欢的印刷纸作为底纸，再在上面附上一张短信笺，更具成人风格。

准备

* 将黄油切成薄片后置于室温下。
* 在方平底盘上铺好塑料薄膜，要能覆盖住盘子侧面。

1 熔化巧克力

在碗中放入巧克力，用隔水加热的方法（参照p.5）将巧克力熔化到5成左右。

2 加入热鲜奶油和麦芽糖

在小锅中加入鲜奶油和麦芽糖并用中火加热。为使麦芽糖充分熔化，轻轻搅拌，直到锅周围一圈冒小泡，关火。

3 在①中加入②

在步骤①的碗中缓慢倒入步骤②中的鲜奶油，静置1分钟左右。

注意！
通过静置，
可以用余热将剩余的巧克力熔化，
使口感更加顺滑。

4 混合搅拌

搅拌时注意不要混入空气，用塑料刮刀从中心开始慢慢搅拌。

注意！
如还剩下未熔化的巧克力，
则继续隔水加热。

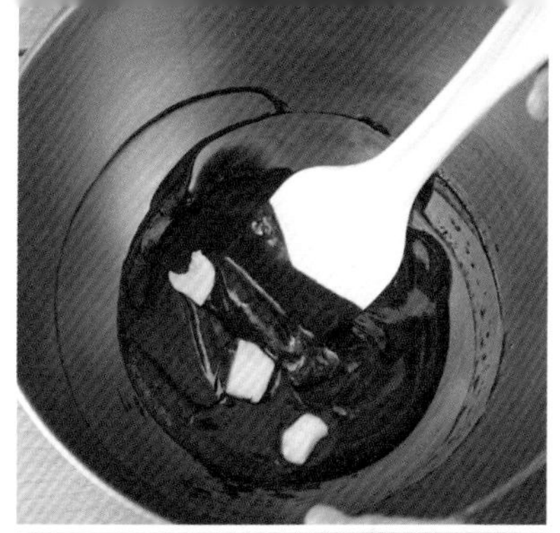

5 混合黄油

待混合液变柔滑后，加入黄油并搅拌至完全融合在一起为止。

6 放入冰箱中冷藏使其硬化

将原料倒入方平底盘中。将平盘抬高4～5cm后落下2～3次，排出原料中的空气。待原料冷却后，用塑料薄膜覆盖好，放入冰箱中冷藏2～3小时，使其硬化。

7 切开

取下塑料薄膜，用刀切出个人喜好的大小形状。或者使用模具印出喜欢的造型。

注意！
将刀浸入60℃的水中泡一泡，
将表面擦干后再使用。

模具也要加热

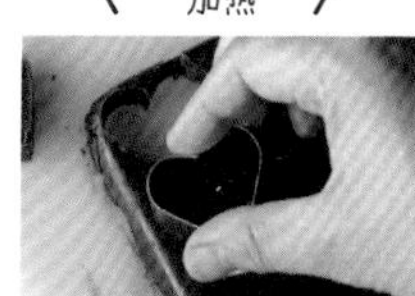

8 涂抹可可粉

在方平底盘中洒满可可粉，放入生巧克力，整体粘上可可粉并抹去表面多余的可可粉。

注意！
装盒完成后，将可可粉装入茶滤网中从上往下撒在生巧克力上，会使最终效果更完美。

VARIATION 1

TEA FLAVOR GANACHE

红茶味生巧克力

巧克力的香甜与伯爵红茶的香气
构成绝妙组合!
诀窍是尽情使用生巧克力,
收尾时做出奶油口感。

难易度 ★★★

所需时间 6小时35分钟

保质期 冷藏 3天

恋人·朋友·同事

材料

（18x13.5x3cm的方平底盘一个）

牛奶巧克力……………… 150g
鲜奶油（乳脂含量35%~36%）
……………………………… 120g
红茶叶（伯爵）………… 1大勺
黄油（无盐）……………… 8g
A　糖粉（不熔化类型）… 30g
　　红茶叶（伯爵）…… 2小勺

准备

★ 将黄油切成薄片后置于室温下。

★ 在方平底盘上铺好塑料薄膜，要能覆盖住盘子侧面。

★ 将A中的红茶叶捣碎并与糖粉混合。

※使用茶包时，将茶叶从茶包中取出后称重，直接使用。

① 熔化牛奶巧克力

在碗中放入牛奶巧克力后，用隔水加热的方法（参照P.5）熔化。

② 鲜奶油煮红茶

在小锅中倒入鲜奶油并用中火煮沸后关火，加入红茶叶并搅拌，盖上锅盖静置5分钟。

③ 过滤

用滤茶网将鲜奶油过滤到另一个碗中。用勺子碾压滤网中剩余的茶叶，将茶汁充分挤出。

注意！
全部过滤后，有助于做成红茶茶香浓郁的巧克力！

④ 在①中混合③和黄油

在步骤①的碗中缓缓倒入步骤③中的奶油茶，注意防止空气进入。用塑料刮刀从中间位置慢慢搅拌。原材料变得顺滑后，加入黄油，继续搅拌至全部材料混合为止。

⑤ 放入冰箱中冷藏使其硬化

将原料倒入方平底盘中。将平盘抬高后落下2～3次，排出原料中的空气。待原料冷却后，用塑料薄膜覆盖好，放入冰箱中冷藏6小时以上，使其硬化。

⑥ 切开后涂抹糖粉和红茶叶

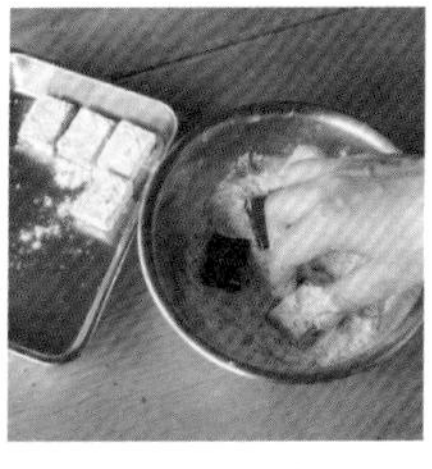

参照“基本生巧克力”（P.47）的做法⑦，用刀将巧克力切成个人喜好的大小。将切好的生巧克力放入盛有A的碗中，整体沾上糖粉和红茶末。

VARIATION 2

RUM RAISIN & BISCUIT GANACHE

朗姆葡萄干 & 小饼干松露巧克力

以基本生巧克力为基础，
加入自然生香的朗姆葡萄干和小饼干，
用手搓圆即可完成的简单食谱。

难易度 ★★★

所需时间 60分钟

保质期 冷藏 3天

恋人·朋友·同事

材料

（直径约2.5cm 18个份量）

甜巧克力………………… 100g
鲜奶油（乳脂含量35%~36%）
……………………………… 50g
黄油（无盐）……………… 10g
朗姆葡萄干（参照下面的做法）
……………………………… 40g
饼干………………………… 20g
可可粉（完成时用）……… 适量

准备

* 将黄油切成薄片后置于室温下。
* 在方平底盘上铺好塑料薄膜。
* 切碎朗姆葡萄干。
* 用手掰碎饼干。

朗姆葡萄干

虽说使用市售的朗姆葡萄干并无大碍，但是手工制作的更具风味。由于朗姆葡萄干在常温下也能长期保存，因此一次性做好后，以后用来做点心时会更方便。

做法

1 葡萄干洗净后装入洁净容器中，倒入朗姆酒盖过葡萄干即可。
2 静置1周左右，香味四溢。

① 熔化巧克力

在碗中放入巧克力，用隔水加热的方法（参照p.5）将巧克力熔化到5成左右。

② 加热鲜奶油

在小锅中加入鲜奶油并用中火加热，直到锅周围一圈冒小泡，关火。

③ 在①中加入②

在步骤①的碗中缓慢倒入步骤②中的鲜奶油，静置1分钟后，用塑料刮刀从中心位置开始慢慢搅拌。待混合液变柔滑后，加入黄油并搅拌，直至完全融合在一起。

注意！
为防止空气进入，
应该慢慢搅动。

④ 混合朗姆葡萄干和饼干

在碗中加入朗姆葡萄干和饼干碎屑并搅拌。

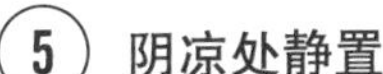

⑤ 阴凉处静置

偶尔搅拌一下，直到混合物变得能够用手搓圆为止，再放在阴凉处静置。

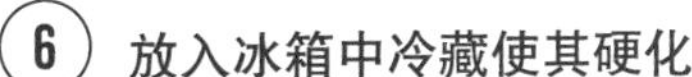

⑥ 放入冰箱中冷藏使其硬化

待混合物变得容易操作时，用小勺舀起后码放在方平底盘中。在平盘上铺一层塑料薄膜后，将平盘放入冰箱中冷藏30分钟左右，使面团表面硬化。

⑦ 沾可可粉

在碗中倒入可可粉，取出步骤⑥中的巧克力面团用手搓圆后，沾满可可粉即完成。

VARIATION 3

WHITE CHOCOLATE & APRICOT GANACHE

白巧克力与杏仁风味松露巧克力

杏仁的酸甜口味与白巧克力的软甜风味十分契合。
像雪球一样的松露巧克力，入口即化。

难易度＊＊＊

所需时间 60分钟　保质期 冷藏 3天

恋人 · 朋友 · 同事

材料

（直径约 2.5cm 15 个份量）

白巧克力…………………… 100g
鲜奶油（乳脂含量 35%~36%）
…………………………………… 50g
黄油（无盐）………………… 15g
杏仁（干燥）………………… 20g
君度橙酒…………………… 1 小勺
糖粉（不熔化类型）……… 适量

准备

★ 将黄油切成薄片后置于室温下。

★ 杏仁切碎。

★ 在方平底盘上铺好塑料薄膜。

① 熔化白巧克力

在碗中放入巧克力，用隔水加热的方法（参照p.5）将巧克力熔化到5成左右。

② 加热鲜奶油

在小锅中加入鲜奶油并用中火加热，直到锅周围一圈冒小泡，关火。

③ 在①中加入②

在步骤①的碗中缓慢倒入步骤②中的鲜奶油，静置1分钟后，用塑料刮刀从中心位置开始慢慢搅拌。待混合液变柔滑后，加入黄油并搅拌至完全融合在一起。

④ 混合杏仁和君度橙酒

在碗中加入杏仁和君度橙酒并搅拌。

⑤ 阴凉处静置

偶尔搅拌一下，直到混合物变得能够用手搓圆为止，再放在阴凉处静置。

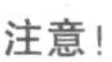

注意！
室温较高时，可以放入冰箱冷却。

⑥ 放入冰箱中冷藏使其硬化

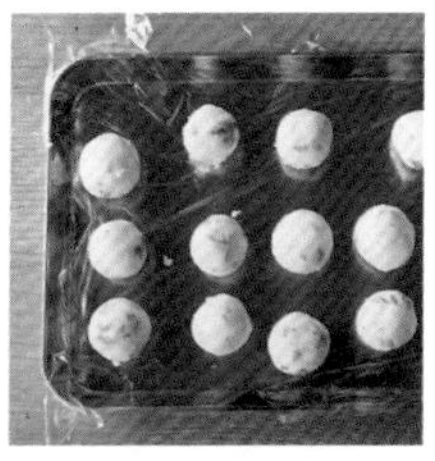

待混合液变得容易操作时，用小勺舀起后码放在方平底盘中。在平盘上铺一层塑料薄膜后，将平盘放入冰箱中冷藏30分钟左右，使面团表面硬化。

⑦ 沾糖粉

在碗中倒入糖粉，取出步骤⑥中的巧克力面团用手搓圆，沾满糖粉即完成。

VARIATION 4

CRUNCH CHOCOLATE

碎糖果巧克力

熔化巧克力后，
混合谷类和坚果后硬化而成。
在小小的心形中，做出白色和草莓色的巧克力，
可爱的感觉直线上升。

难易度 ★★

所需时间 1小时20分钟

保质期 冷藏 7天

恋人·朋友·同事

材料

（约2.5cm大小的心形 12个份量）

白巧克力……………………………………… 100g
巴旦木……………………………………… 30g
玉米片……………………………………… 20g
喜欢的顶饰（银色糖粒、水果干、坚果等）
……………………………………… 适量

※ 如果将白色巧克力换成等量的草莓口味巧克力，可以做出 12 个份量的碎糖果巧克力。

＊本次使用的模具为硅胶材质的制冰盒。也可以选用其他材质的。

准备

* 将巴旦木置于160℃高温的烤箱中烤制10分钟左右。余热散尽后切碎。
* 用手捏碎玉米片。
* 将用于顶饰的坚果和水果干切碎。

1 熔化白巧克力

在碗中放入巧克力，用隔水加热的方法（参照p.5）熔化。

2 混合巴旦木和玉米片

在碗中加入巴旦木和玉米片并用塑料刮刀搅拌。

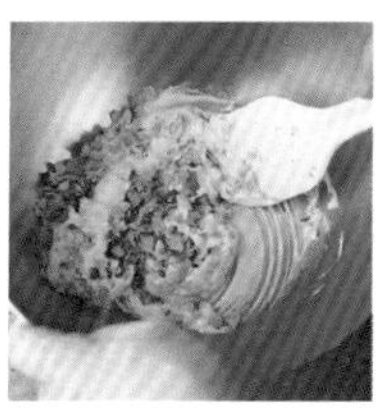

3 装入模具

用勺子舀起原料装入模具，使巧克力填满模具，并用力压紧。

注意！
压至无缝后，形状更好。

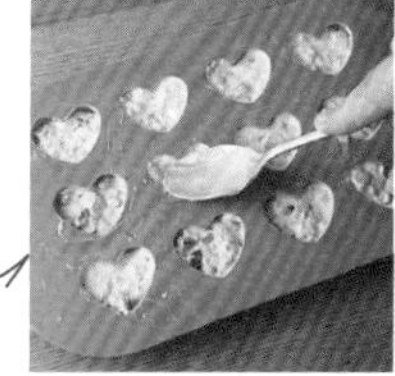

4 加上顶饰

在原料上放置坚果、水果干及银色糖粒等，轻轻下压使其粘合。

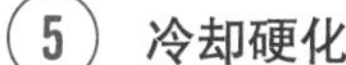

5 冷却硬化

放入冰箱中1小时以上，冷却使其硬化即可。

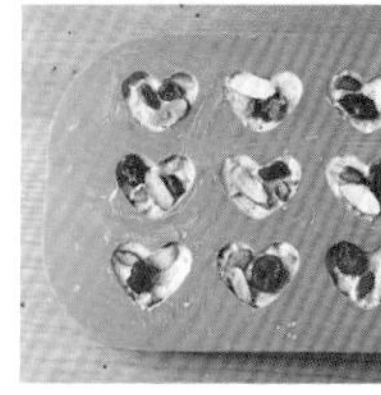

PART

5

CUPCAKES
杯子蛋糕

如名称所示，即“装在纸杯中的小蛋糕”。
置于掌心、一口即食的大小是它高人气的秘密。
本章节中介绍的是使用松饼模具，使用硅胶杯或耐热纸杯，
也能做出相同效果。

BASIC 基本巧克力杯子蛋糕

难易度 ★★☆

所需时间 55分钟

保质期 冷藏 4天

🎁 恋人・朋友 同事

尽情使用香气迷人的可可粉，
配合鸡蛋和牛奶做出湿润口感。
根据个人喜好装饰（P.60）后，分享给身边人！

材料

（直径 7cm 的松饼模具 6个份量）

黄油（无盐）	70g
细砂糖	60g
鸡蛋	1个
牛奶	60g
可可粉	15g
低筋面粉	55g
泡打粉	3g

※ 使用较厚的纸杯时，不建议用模具。

WRAPPING

将插有装饰棒的杯子蛋糕底部和侧面用蕾丝纸包装好后装入透明袋中。扎紧开口处后用细麻绳包扎并配上迷你货签。蕾丝纸较大时，剪掉多余的边再使用。

准备

- ★ 将黄油薄薄切开后放入碗中，使其在室温下软化至用手指一戳就软的状态。（A）
- ★ 其他材料也保持室温。
- ★ 将可可粉、低筋面粉及泡打粉倒入碗中，混合后过筛。（B）
- ★ 在模具中铺上纸杯。纸杯较浅时，在模具内涂上一层薄薄的黄油（份量外）。（C）
- ★ 烤箱170℃预热。

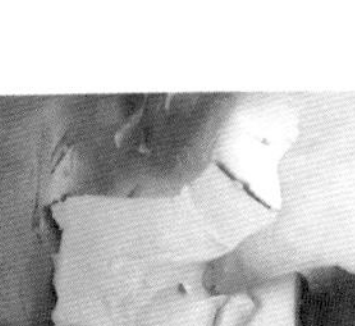

A

C

1 黄油加细砂糖搅拌

碗中放入黄油，用打蛋器搅拌至奶油状后加入细砂糖继续搅拌。

2 搅拌鸡蛋

将鸡蛋打碎后，分3～4次倒入碗中，每次倒入后搅拌。

> 注意！
> 如不将鸡蛋搅拌均匀，水油分离后口感欠佳。

3 混合 1/4 量的粉类

加入1/4量的粉类，用打蛋器搅拌均匀。

4 倒入牛奶

搅拌至粉类消失后，慢慢倒入1/2量的牛奶，每次倒入后都要搅拌均匀。

> 注意！
> 用牛奶降低原材料的厚重感。

5 混合剩余的 1/2 面粉类

倒入剩余的1/2粉类并搅拌。直到面粉消失，慢慢倒入剩余牛奶再继续搅拌，使碗内原料变得更具延展性。

6 混合剩余的粉类

倒入剩余的全部粉类，用打蛋器搅拌至面粉消失、富有光泽为止。

搅拌成这样就行了

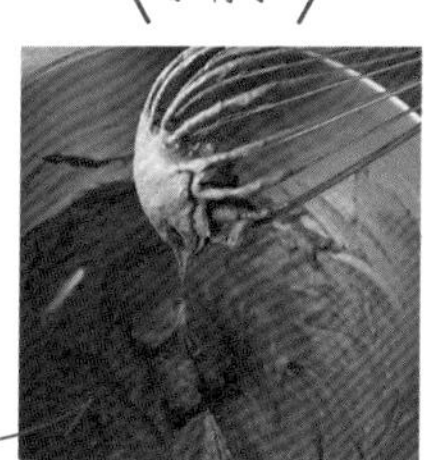

注意！
如图所示，搅拌至黏稠且光泽鲜亮即可。

7 倒入模具烤制

用勺子将原料等分舀起放入模具中，将模具置于170℃高温的烤箱中烤20～25分钟。

8 检查烤制情况

用竹签轻轻插入蛋糕，若原料不粘在竹签上则说明烤制完成。将蛋糕从模具中取出后置于冷却架上冷却。

注意！
若竹签上仍粘着湿润的原料，则需继续烤制，每隔2～3分钟检查烤制情况。

\ CUPCAKE DECORATION /

用巧克力&黄油奶油糖霜点缀杯子蛋糕

巧克力奶油装饰

尽情使用巧克力奶油来做涂层！

在可可原料制成的杯子蛋糕上满满地抹上浓厚的巧克力奶油，做成头顶巧克力奶油的巧克力杯子蛋糕。

往巧克力蛋糕上抹一层巧克力奶油，用勺子将涂层以平均厚度抹平后，将多出的部分描画出漩涡纹样。

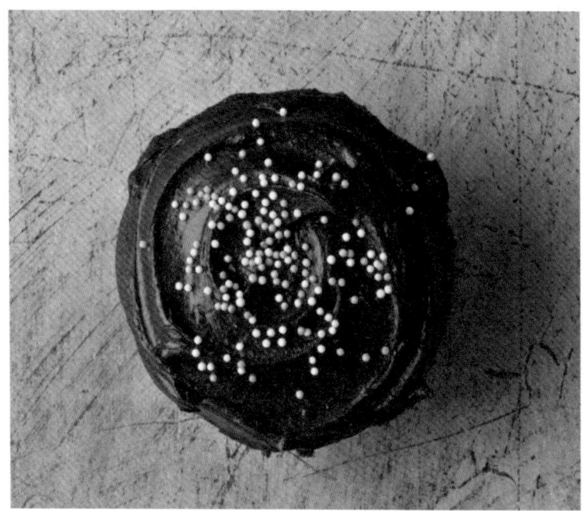

往巧克力涂层上撒上小糖粒作顶饰！

抹上巧克力涂层后，在上面撒满小糖粒。若想做得更加华丽，可以撒上各种形状的银色糖粒或星型的彩色糖果。

在普通的巧克力杯子蛋糕上加入奶油、银色糖粒、
彩色糖粒等元素进行可爱装饰！
无论使用何种装饰，切忌待杯子蛋糕完全冷却后再放上顶饰。

巧克力奶油的制作方法

材料

（容易制作的分量）
甜巧克力………………………………… 100g
鲜奶油（乳脂含量35%~36%）……… 50g
黄油（无盐）…………………………… 10g

准备

* 将黄油切成薄片后置于室温下。

①
熔化巧克力
在碗中放入巧克力，用隔水加热的方法（参照p.5）将巧克力熔化到5成左右。

②
加热鲜奶油
在小锅中加入鲜奶油并用中火加热，直到锅周围一圈冒小泡，关火。

③
在①中加入②
在步骤①的碗中缓慢倒入步骤②中的鲜奶油，静置1分钟左右。

④
混合
用塑料刮刀从中心位置开始慢慢搅拌，注意不要混入空气，搅拌到混合液变得柔滑为止。

⑤
混合黄油
加入黄油并搅拌至全部完全融合在一起为止。

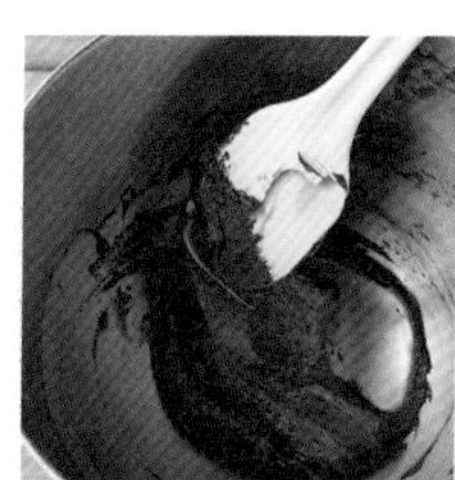

⑥
阴凉处静置
偶尔搅拌一下，使原料呈容易涂抹的形状。在阴凉处静置。

黄油奶油装饰

\CUPCAKE DECORATION/

使用粉红黄油奶油制作漩涡花纹！

用星型的裱花嘴像画圆一样描画出漩涡状图案。黄油奶油的颜色也可以换成黄色或蓝色。

从中心向外，像画圆一样慢慢描画出漩涡图案。最后放松，向上一提即可完成。

使用白色奶油 & 银色糖粒提升优雅感！

在杯子蛋糕的表面使用星型的裱花嘴描画出小型漩涡，均匀地撒上大小粒不同的银色糖果。

从外向内，像画小圆一样描画出漩涡状图案。边收力边向上拉起。重复此动作，覆盖蛋糕表面。

描画淡黄色小花提升简约感！

用星型裱花嘴，边想象优雅的花圃边用淡黄色的黄油奶油为蛋糕做装饰。若想传达纯洁的情愫，以此为礼物再合适不过。

压出裱花嘴并收力直直地向上拉起。重复此动作，覆盖蛋糕表面。

用蓝色奶油描绘简约漩涡图案！

用星型裱花嘴将柔和的蓝色黄油奶油描绘出饱满的漩涡图案，并在上面撒上雪花模样的糖粒。

白色小花上撒上小糖果

用星型裱花嘴，在结束时直直地向上提，描绘出小花的模样。用小花模样装饰满蛋糕表面后，撒上多种色彩的小糖果。

黄油奶油的做法

材料

（容易制作的分量）
黄油（无盐）………100g
糖粉…………………… 60g
蛋白…………………… 60g

准备

* 将黄油切成薄片后置于室温下。

\ 着色时 /

着色时，用少量的热水熔化食用色素（凝胶状的食用色素可以直接使用），每次加入极少量的黄油奶油并搅拌。

裱花嘴与裱花袋

如果仅仅做简单装饰，使用小型（直径约1cm）星型裱花嘴和裱花袋就足够了。

①

混合蛋白和糖粉

在碗中倒入蛋白和糖粉，用打蛋器将材料全部混合均匀。

加热

煮沸锅中热水，并将步骤①中的碗置于锅上，用文火继续加热。用打蛋器不停搅拌，注意不能使蛋白凝固，将原料加热至50～55℃。

用手动搅拌器起泡

将碗从锅上端下后，用手动搅拌器的高速挡一直搅拌至混合液能拉起直立的尖角。

④

混合黄油

每次加入少量黄油，加入后用手动搅拌器搅拌至黄油完全融入原料为止。

注意！
即使中途水油分离，加入剩下的黄油后充分搅拌，原料还是会变得柔滑。

搅拌至呈奶油状

黄油完全混合后，将手动搅拌器调至低速挡，一直搅拌至至原料呈柔滑的奶油状为止。

VARIATION 1

CHEESE & ORANGE PEEL CHOCOLATE CUPCAKE

奶酪&橘皮巧克力杯子蛋糕

基础底料与基本杯子蛋糕的相同。
加入奶酪和干水果等，
尽量享受创造内馅和顶饰的乐趣！

难易度 ★★★

所需时间 55分钟　保质期 冷藏 3天

恋人 · 朋友 · 同事

材料

（直径 7cm 的松饼模具 6 个份量）

黄油（无盐）………………… 70g
细砂糖……………………… 60g
鸡蛋………………………… 1 个
牛奶………………………… 60g
可可粉……………………… 15g
低筋面粉…………………… 55g
泡打粉……………………… 3g
A | 奶油奶酪 ……………… 30g
　| 碎橘皮（市售商品）※
　| ……………………… 30g
奶油奶酪（用于顶饰）…… 40g

※ 碎橘皮指的是切得非常碎的橘皮。

准备

* 将黄油切成薄片后，放入大碗中，置于室温下。用手指一按，触感柔软，则为最佳。
* 将奶油奶酪全部切成1cm见方的大小，使其保持室温。剩余材料也置于室温下。
* 将可可粉、低筋面粉和泡打粉倒入碗中，混合后过筛。
* 在松饼模具中放上纸杯。
* 烤箱170℃预热。

1 黄油加细砂糖搅拌

碗中放入黄油后加入细砂糖，用打蛋器搅拌。

2 搅拌鸡蛋

将鸡蛋打散后，蛋液分3～4次倒入碗中，每次倒入后搅拌。

3 混合 1/4 的粉类和 1/2 的牛奶

加入1/4的粉类，用打蛋器搅拌均匀。搅拌至面粉消失后，慢慢倒入1/2的牛奶并继续搅拌。

4 混合并按顺序搅拌剩余 1/2 的粉类和牛奶

倒入剩余的1/2粉类并搅拌。分多次倒入剩余的牛奶，每次倒入后都将原料搅拌至顺滑的状态。

5 混合剩余面粉类并与 A 混合

倒入剩余面粉并搅拌后，加入A中材料，用塑料刮刀反复翻转搅拌，直至原料色泽变得鲜亮。

注意！
搅拌至有少量面粉残存的状态时加入奶酪等原料。

6 倒入模具中

将原料用勺子舀起后等分置于模具中。

7 放上奶酪并烤制

将用于顶饰的奶酪放在原料上方，并将模具置于170℃高温的烤箱中烤制20~25分钟。烤制完成后，将蛋糕取出并置于冷却架上冷却。

VARIATION 2

BITTER CHOCOLATE CUPCAKE

成人杯子蛋糕

湿润的蛋糕原料造就了黏稠的口感，巧克力也是绝味！
搭配咖啡或朗姆酒，更能烤制出成人风味。

难易度★★*

所需时间 55分钟　保质期 常温 4天

恋人·朋友·同事

材料

（直径7cm的松饼模具6个份量）

黄油（无盐）………………… 70g
细砂糖………………………… 60g
鸡蛋…………………………… 1个
牛奶…………………………… 50g
速溶咖啡…………………… 1大勺
朗姆酒……………………… 1大勺
可可粉………………………… 20g
低筋面粉……………………… 50g
泡打粉…………………………3g
甜巧克力……………………… 60g

准备

* 将黄油切成薄片后，放入大碗中，置于室温下。用手指一按，触感柔软，则为最佳。
* 将甜巧克力切碎，分为混合用30g和顶饰用30g。
* 将可可粉、低筋面粉和泡打粉倒入碗中，混合后过筛。
* 在松饼模具中放上纸杯。
* 烤箱170℃预热。

① 制作咖啡液

在耐热容器中倒入牛奶并用塑料薄膜封口，置于微波炉（600w）中加热30秒左右后，倒入速溶咖啡并使其熔化，再倒入朗姆酒。

② 黄油加细砂糖搅拌

另取一个碗，放入黄油后加入细砂糖，用打蛋器搅拌。

③ 搅拌鸡蛋

将鸡蛋打散后，蛋液分3～4次倒入碗中，每次倒入后搅拌。

④ 混合1/4的粉类和1/2的牛奶

加入1/4的粉类，用打蛋器搅拌均匀。搅拌至面粉等消失后，分多次倒入步骤①中1/2量的咖啡牛奶，每次倒入都搅拌至原料顺滑为止。

⑤ 混合1/2量的粉类并搅拌①

倒入剩余粉类的1/2并搅拌。再倒入步骤①的剩余原料，像步骤④一样搅拌。

⑥ 混合剩余面粉类并加入用于混合的巧克力

倒入剩余面粉和用于混合的巧克力并搅拌，直至原料变得鲜亮有光泽。

⑦ 倒入模具并放上巧克力、烤制

将步骤④中的原料用勺子舀起后等分置于模具中，并在原料表面放上用于顶饰的巧克力。将模具置于170℃高温的烤箱烤制20～25分钟左右。烤制完成后，将蛋糕从模具中取出并置于冷却架上冷却。

PART

6

POUND CAKES

磅蛋糕

原本制作这种蛋糕时，各种原料均为一磅，故得此名。
本章将介绍的食谱以可可粉和巧克力为主角，
非常适合作为礼品馈赠亲朋。

BASIC 基本巧克力磅蛋糕

难易度 ★★☆

所需时间 1小时55分钟

保质期 冷藏 7天

恋人·朋友 同事

黄油的香味与鸡蛋的风味中加入可可粉与巧克力！
享受柔软饱满的原料与浓郁的巧克力香味，
没有夹心与顶饰的简约基本款。

材料

（18×8×6cm 高的磅蛋糕模具一个）

材料	用量
黄油（无盐）	80g
细砂糖	80g
鸡蛋	2个
甜巧克力	60g
低筋面粉	50g
可可粉	10g
泡打粉	2g

WRAPPING

使用透明的OPP纸包住后用胶带粘住，并用丝带紧紧封口。丝带缠绕两圈并稍稍分开些，在丝带上插上一张小卡片。

准备

* 所有材料保持室温。
* 根据磅蛋糕模具的大小剪切烘焙纸（A），有角的地方将纸折叠后塞入，铺满模具（B）。
* 将低筋面粉、可可粉和泡打粉倒入碗中，混合后过筛。
* 烤箱170℃预热。

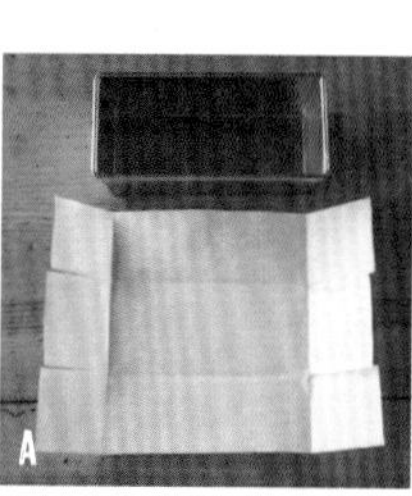
A

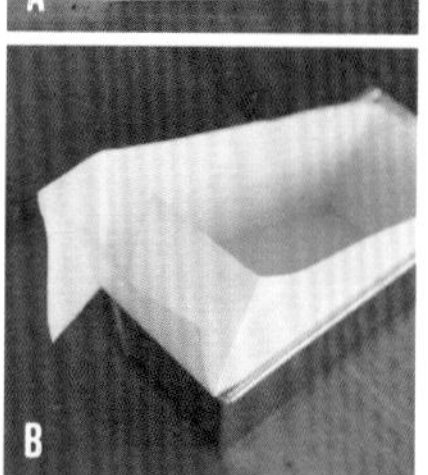
B

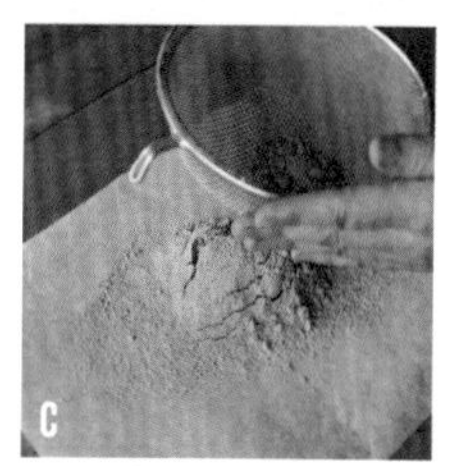
C

1 熔化巧克力

将巧克力放入碗中，采用隔水加热（参照P.5）的方法熔化。

注意！
在进入下一步骤前，将碗放在热水上保持温度。

2 黄油中混合细砂糖

在另一个碗中加入黄油并用塑料刮刀搅拌至结块消失为止。倒入细砂糖，用手动搅拌器的低速挡搅拌至原料发白柔软。

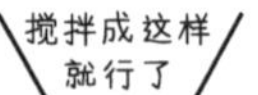

3 加入鸡蛋

打散鸡蛋，分6～8次倒入，每次加入时都用手动搅拌器的低速挡搅拌。

注意！
如鸡蛋未能充分搅拌，容易分离，影响口感。

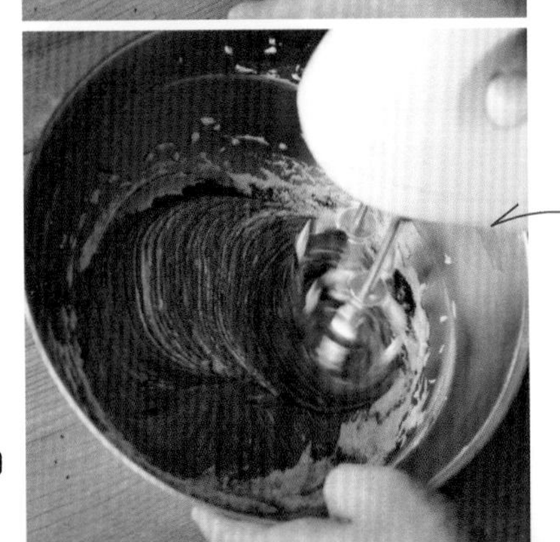

4 加入巧克力液

待全部的蛋液加入并充分混合后，倒入巧克力液（约30℃的温热状态），用手动搅拌器的低速挡搅拌。

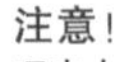

注意！
巧克力过热会熔化黄油，请多加注意。

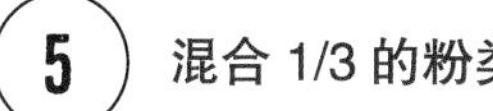

5 混合 1/3 的粉类

加入1/3的粉类，用塑料刮刀搅拌至有少量面粉残存的状态。

6 分 2 次加入剩余面粉类

待搅拌至少量面粉残存的状态时，分两次加入剩余的粉类。最后倒入时，将原料搅拌至面粉消失、面糊色泽变得鲜亮为止。

搅拌成这样就可以了

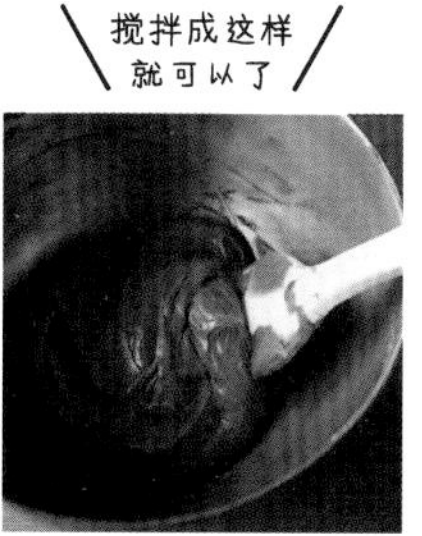

7 倒入模具中

将原料倒入模具中，用塑料刮刀将表面抹平。拿起模具底部在案板上轻轻敲打，使原料充分填充模具的每个角落。

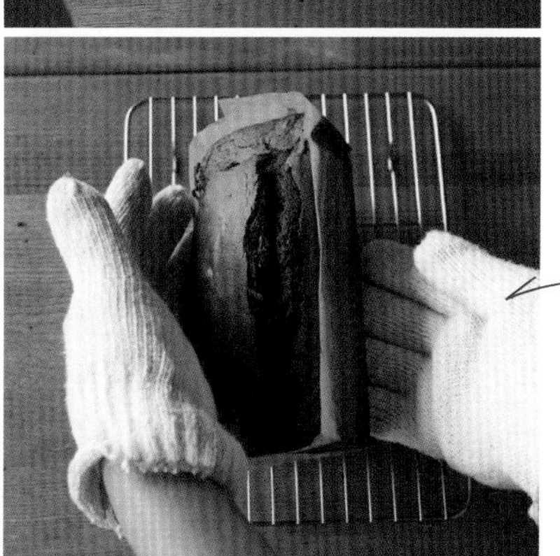

8 烤制并冷却

将模具放入170℃高温的烤箱中烤制45分钟。用竹签轻轻插入蛋糕表面，若竹签上不粘有原料，则说明烤制完成。将完成的蛋糕迅速从模具中取出并置于冷却架上冷却。

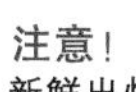

注意！
新鲜出炉的磅蛋糕温度较高，
取出时切记戴上隔热手套！

VARIATION 1

MARBLE POUND CAKE

大理石纹磅蛋糕

在一半的基本原料中加入巧克力，
混合两种颜色做成大理石纹路。
完成时会呈现出怎样的效果？切开时才知道，请尽情享用！

难易度★★★

所需时间 1小时55分钟

保质期 常温 7天

恋人・朋友・同事

材料

（18×8×6cm 高的磅蛋糕模具一个）

黄油（无盐）…………… 120g
糖粉………………………… 80g
鸡蛋………………………… 2 个
甜巧克力…………………… 40g
低筋面粉………………… 100g
泡打粉……………………… 2g
杏仁粉……………………… 50g

准备

* 所有材料保持室温。
* 根据磅蛋糕模具的大小剪切烘焙纸，有角的地方将纸折叠后塞入，铺满模具（参照P.69）。
* 将低筋面粉和泡打粉倒入碗中，混合后过筛，再加入杏仁粉。
* 烤箱170℃预热。

① 熔化巧克力

将巧克力放入碗中，用隔水加热（参照P.5）的方法熔化。

② 混合黄油、糖粉和鸡蛋

在另一个碗中放入黄油并搅拌至结块消失为止。加入糖粉后，参照“基本巧克力磅蛋糕”的做法②（P.70）混合。鸡蛋打散，分6～8次加入，每次加入都用手动搅拌器的低速挡搅拌。

③ 混合粉类

参照“基本巧克力磅蛋糕”的做法⑤和⑥（P.71），分三次加入粉类，搅拌至面粉消失、面糊光泽鲜亮为止。

④ 制作双色底料

将步骤③中1/2量的原料倒入另一碗中，加入步骤①中的巧克力液，制作巧克力底料。

⑤ 用普通底料包裹巧克力底料

将碗中剩余的普通底料抹开，在上面倒入步骤④中的底料后，将普通底料舀起并包裹住巧克力底料。

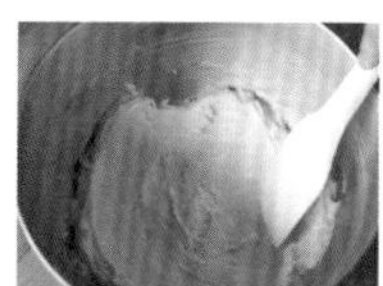

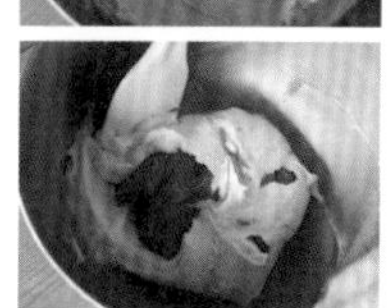

⑥ 上下切割式地搅拌

将塑料刮刀插入原料中间位置，以上下切割的方式大幅度地搅拌3次。

注意！
搅拌过度会影响大理石纹样的成型，请一定注意！

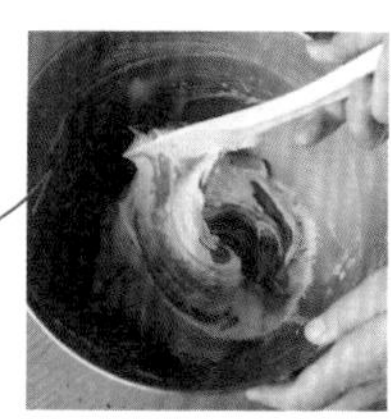

⑦ 倒入模具

用塑料刮刀舀起底料倒入模具中，注意不要破坏大理石纹样。将原料表面轻轻抹平后，拿起模具在案板上轻轻落下，使原料充满模具的各个角落。

⑧ 烤制

将模具放入170℃高温的烤箱中烤制45分钟。烤制完成后，将蛋糕迅速从模具中取出，并置于冷却架上冷却。

VARIATION 2

HOTCAKE MIX MINI POUND CAKE

松饼迷你磅蛋糕

为朋友们送上一个一个包装好的礼品，
此时最适合的便是这种迷你的纸质磅蛋糕！
使用了松饼粉，简单几步就能烤制出松软口感。

难易度★★★

所需时间 55分钟　保质期 冷藏 4天

朋友 · 同事

材料

（9.5×4.5×3.5cm 高的迷你纸质磅蛋糕模具 6 个）

黄油（无盐）………………… 80g
细砂糖………………………… 80g
鸡蛋…………………………… 2个
松饼粉……………………… 100g
可可粉………………………… 15g
肉桂粉…………………… 1/2 小勺
板状巧克力（方格）……… 50g
[顶饰]
混合坚果 ………………… 适量
板状巧克力（方格） … 30g

准备

* 混合坚果放在160℃高温的烤箱中烤制8～10分钟后取出冷却。核桃等较大的坚果切碎成容易食用的大小。
* 所有材料保持室温。
* 将所有板状巧克力掰碎。
* 将松饼粉、可可粉和肉桂粉等倒入碗中，混合后过筛。
* 烤箱170℃预热。

① 混合黄油和细砂糖

将黄油放入碗中，参照“基本巧克力磅蛋糕”的做法②（P.70）处理。倒入细砂糖并搅拌。

② 混合鸡蛋液

打开鸡蛋，分6～8次加入，每次加入都用手动搅拌器的低速挡搅拌。

③ 混合面粉类

参照“基本巧克力磅蛋糕”的做法⑤和⑥（P.71），分三次加入过筛的粉类并搅拌。

④ 加入板状巧克力并搅拌

第3次加入面粉并搅拌至少量面粉残存的状态时，加入板状巧克力，继续搅拌至面粉消失、面糊光泽鲜亮为止。

⑤ 倒入模具

将搅拌好的原料等分装入模具中，将原料表面轻轻抹平后，拿起模具在案板上轻轻落下，使原料充满模具的各个角落。

⑥ 烤制

在原料表面放上顶饰，将模具放入170℃高温的烤箱中烤制20分钟。用竹签轻轻插入蛋糕表面，若竹签上不粘有原料，则说明烤制完成。将完成的蛋糕迅速从模具中取出并置于冷却架上冷却。

注意！
将用于顶饰的材料轻轻压入原料中，烤制完成后顶饰就不会脱落。

VARIATION 3

LEMON & SALT POUND CAKE

咸味柠檬巧克力磅蛋糕

清淡的咸味与柠檬的清爽酸味
勾勒出巧克力的丰富味道。
湿滑的口感符合成人的味觉。

难易度★★

所需时间 1小时55分钟

保质期 冷藏7天

恋人·朋友·同事

材料

（18×8×6cm 高的磅蛋糕模具 1 个）

黄油（无盐）……………… 80g
食盐……………………… 两小撮
细砂糖…………………… 70g
鸡蛋……………………… 2 个
甜巧克力………………… 50g
低筋面粉………………… 20g
可可粉…………………… 40g
泡打粉…………………… 2g
A　碎柠檬（市面上商品）
　……………………… 40g※
　君度橙酒 ……………… 20g
碎柠檬（用于顶饰）※……适量

※ 碎柠檬指的是将细细切碎的柠檬皮。

准备

* 所有材料保持室温。
* 根据磅蛋糕模具的大小剪切烘焙纸，有角的地方将纸折叠后塞入，铺满模具。
* 混合A。
* 将低筋面粉、可可粉和泡打粉倒入碗中，混合后过筛。
* 烤箱170℃预热。

① 熔化巧克力

将巧克力放入碗中，用隔水加热（参照P.5）的方法熔化。

② 混合黄油、细砂糖和鸡蛋

参照“基本巧克力磅蛋糕”的做法②（P.70），在另一个碗中加入黄油并搅拌至结块消失。加入细砂糖和食盐继续搅拌。

③ 混合鸡蛋液

鸡蛋打散，分6～8次加入，每次加入都用手动搅拌器的低速挡搅拌。

④ 加入①

待鸡蛋液完全与其他材料混合后，在碗中加入步骤①中的巧克力（约30℃的温水温度），用手动搅拌器的低速挡搅拌至全部材料完全混合。

⑤ 混合粉类

参照“基本巧克力磅蛋糕”的做法⑤和⑥（P.71），分三次加入粉类并搅拌。

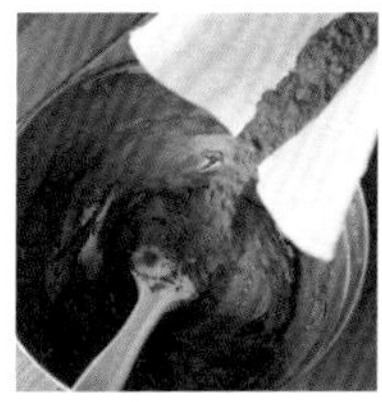

⑥ 混合碎柠檬

第3次加入面粉并搅拌至面粉少量残存的状态时，加入A中的材料，继续搅拌至面粉消失、面糊光泽鲜亮为止。

⑦ 倒入模具中烤制

将原料倒入模具中，用塑料刮刀将表面抹平，在表面铺上一列碎柠檬后，将模具放入170℃高温的烤箱中烤制45分钟。烤制完成后，迅速将蛋糕从模具中取出，置于冷却架上冷却。

本书中使用的模具

本栏目将介绍做巧克力蛋糕的心形模具、曲奇饼干的印模等书中使用的各种模具。此外，本书也使用了不锈钢的方平底盘和陶瓷烤碗等耐热容器。

不锈钢圆形模具（直径15cm）
推荐使用于容易取出，特别是可从底部取出的蛋糕。

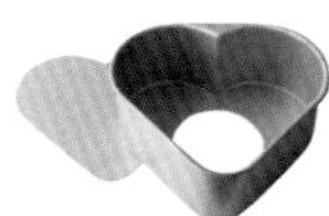

不锈钢心形模具（全长约15cm）
最适合用于情人节。

不锈钢磅蛋糕模具（18×8×6cm高）
想制作种类丰富的磅蛋糕时，最好入手一个。

不锈钢松饼模具（6个份量）
也能用于杯子蛋糕，有一个的话更便利。

硅胶心形制冰器（12个份量）
该制冰器最适合制作一口份量大小的巧克力。

纸质迷你磅蛋糕模具（9.5×4.5×3.5cm高）
每个模具都可以做成礼物，十分便利。

塑料材质或不锈钢的印模模具
根据制作目的不同，准备好星型或心形的多种模具，值得珍藏。

不锈钢心形印模模具（全长约3cm）
在制作生巧克力与曲奇饼干时发挥着重要作用。

难易度索引

※★的数量越少，制作越简单。

难易度★

难易度★★

难易度★★★

所需理想时间索引

※ 从准备结束时计时，至烤制完成的所需理想时间。
（准备、醒面和冷却原料的时间不包含在内）

60分钟以内

1小时30分钟以内

2小时以上

理想保质期索引

※ 品尝美味的最佳食用期限

2~3天之间

4 ~ 7天之间

7 ~ 10天之间

图书在版编目（CIP）数据

美味的巧克力蛋糕 /（日）下迫绫美著；曾广明译
. -- 南昌：红星电子音像出版社，2016.11
ISBN 978-7-83010-150-3

Ⅰ. ①美… Ⅱ. ①下… ②曾… Ⅲ. ①糕点－制作
Ⅳ. ① TS213.2

中国版本图书馆 CIP 数据核字 (2016) 第 271609 号

责任编辑：黄成波
美术编辑：杨　蕾

美味的巧克力蛋糕
[日] 下迫绫美　著　　曾广明　译

策划制作：北京书锦缘咨询有限公司（www.booklink.com.cn）
总 策 划：陈　庆
策　　划：邵嘉瑜
设计制作：柯秀翠

出版发行　红星电子音像出版社
地址　南昌市红谷滩新区红角洲岭口路129号
邮编：330038　电话：0791-86365613　86365618
印刷　江西新华印刷集团有限公司
经销　各地新华书店
开本　185mm × 210mm　1/24
字数　54千字
印张　3.5
版次　2017年5月第1版　2017年5月第1次印刷
书号　ISBN 978-7-83010-150-3
定价　36.00元

赣版权登字 14-2016-0434